"十四五"职业教育国家规划教材

王东 利节 许莎 著

ARTIFICIAL
INTELLIGENCE

人工智能

清华大学出版社
北京

内 容 简 介

本书向读者介绍当代人工智能技术的入门知识,特别是以深度学习为代表的机器学习方法。本书主要内容包括人工智能在模拟人类视觉、听觉、语言、行为、思维五个方面的最新进展,覆盖了当前人工智能应用最广泛的几个领域,包括人脸识别、语音处理、语言理解、机器人设计、思维与智能等。

本书介绍的很多算法都需要动手实践才能有更好的理解。读者可以下载本书的实践系统(http://aibook.cslt.org),边学边做,唯其如此,才能真正领略人工智能的神奇与瑰丽。

本书适合作为职业教育、应用型院校的人工智能相关专业的教材,也可作为任何对人工智能技术感兴趣的读者的入门学习材料。书中提到的每项关键技术都提供了参考文献,有志于深入理解人工智能算法的读者可以按图索骥,深入钻研。

图书在版编目(CIP)数据

人工智能/王东,利节,许莎著. —北京:清华大学出版社,2019(2025.11重印)
ISBN 978-7-302-53187-6

Ⅰ.①人… Ⅱ.①王… ②利… ③许… Ⅲ.①人工智能 Ⅳ.①TP18

中国版本图书馆 CIP 数据核字(2019)第 110360 号

责任编辑:刘翰鹏
封面设计:常雪影
责任校对:李 梅
责任印制:丛怀宇

出版发行:清华大学出版社
   网 址:https://www.tup.com.cn,https://www.wqxuetang.com
   地 址:北京清华大学学研大厦 A 座   **邮 编:**100084
   社 总 机:010-83470000   **邮 购:**010-62786544
   投稿与读者服务:010-62776969,c-service@tup.tsinghua.edu.cn
   质量反馈:010-62772015,zhiliang@tup.tsinghua.edu.cn
   课件下载:https://www.tup.com.cn,010-83470410
印 装 者:涿州市般润文化传播有限公司
经 销:全国新华书店
开 本:170mm×240mm **印 张:**12.5 **字 数:**236 千字
版 次:2019 年 10 月第 1 版   **印 次:**2025 年 11 月第 11 次印刷
定 价:42.00 元

产品编号:082430-03

自 序

2016 年以来，几乎所有人都在谈论人工智能（AI）。然而，究竟什么是人工智能？人工智能与其他科学有何关系？人工智能是如何发展起来的，未来会走向何方？这些问题在很多人的脑海里还是模糊的。唯一可以确定的是，人工智能技术必然会对我们的生活产生深远的影响，这种影响会像电、计算机的出现一样改变我们的生活，并成为我们未来生活方式的一部分。

我于 1995 年进入清华大学计算机系，1998 年进入朱小燕老师的课题组，开始从事语音和语言信息处理工作。这个课题组隶属于清华大学智能与系统国家重点实验室，专注于人工智能技术的研究。有趣的是，当时大家很少提到 AI，可能是因为这个词太宽泛了，对研究者缺少标识意义。毕业后，我在若干企业和研究机构间辗转，主要还是从事语音和语言工作，见证了研究方法从模式匹配到概率模型，再到深度学习的变迁。事实上，同样的变化也发生在 AI 的相关应用领域，包括图像处理、机器人、生物信息处理等。这一变化背后的推动力事实上是机器学习方法的快速进步，而这一进步直接导致了今天的 AI 热潮。我想，理解今天的 AI 首先应该从理解机器学习开始。

基于这一思路，我用了将近两年的时间完成了一本题为《现代机器学习技术导论》的学习笔记，系统地总结了当前主流的机器学习方法，特别是深度学习技术。这本书恰好被利节老师看到。她提出建议：这本书应该让更多学生读一读，只有学生静下心来读懂 AI 背后的原理和算法，人工智能的未来才有希望。但是，这本《导论》过于学术化，需要更通俗和直观的表达方式。这个建议得到重庆巴蜀中学许莎老师的赞同，她觉得应该有一本通俗的读物，让广大学生能理解人工智能。特别是，她建议在不增加学习压力的前提下，满足学生对新知识的渴求。这本书里不必有公式，但必须概念明晰，让学生从一开始就树立一个正确的概念体系和科学思维，为以后从事这方面的工作打下基础，于是有了这本书。我们的目的只有一个：用浅显的语言向读者，特别是学生，介绍人工智能的基本原理和背后的机器学习方法。

我们将人的智能分为看、听、言、行、思五个方面，每一方面用一章的篇幅进行讨论。我们将介绍机器如何通过学习来模拟人的智能,并提供了一系列小实践任务,让读者可以自己动手实现一些有趣的人工智能系统。

在本书的成书过程中,众多老师和学生提供了热心的帮助。清华大学的朱小燕老师对全书进行了审读,周强老师、刘华平老师分别对第四章和第五章进行了审读。清华大学语音语言实验室的蔡云麒博士参与了校订工作,实习生杜文强、张阳、吴嘉瑶、齐诏娣、于嘉威、姜修齐、刘逸博等都参与了实验样例设计。

由于作者水平有限,书中难免有疏漏之处,敬请读者批评指正。

清华大学　　王东

2019 年 5 月

前　言

　　人工智能是通过计算机程序来实现人类智能的科学。自 1956 年的达特茅斯会议以来，人工智能技术已经发展了半个多世纪，影响渗透到各行各业，成为人类改变自然的有力工具。特别是最近十年以来，得益于大数据的积累和计算机运算能力的提高，以深度学习技术为代表的机器学习技术取得迅猛发展，成为新一代人工智能技术的基础。这种以"学习"为特征的新方法只需定义一个合理的学习框架，收集足够多的学习素材，即可利用强大的计算资源学习出一个合理的人工智能系统。特别重要的是，这种基于机器学习的人工智能方法是以实际数据为基础的，因此得到的系统与实际问题结合得更紧密。正因为如此，近年来人工智能技术迅猛发展，快速渗透到人们日常生活的方方面面，典型的如手机上的人脸解锁，地图服务中的语音导航，城市管理中的交通信号灯控制等。

　　近年来，人工智能技术与其它学科的交叉融合取得了令人瞩目的成就，人工智能走向了更广阔的舞台。例如，清华大学的研究者利用自然语言理解技术阅读分子式，可以自动生成对分子式的语言描述，并判断分子式或化学反应是否合理。中国天眼每天瞭望星空，产生 150TB 的数据，人工智能技术正在帮助科学家们从这些海量数据中发现未知的宇宙奥秘。中国科学院生物物理研究所、清华大学、美国霍华德休斯医学研究所的研究者利用人工智能技术对显微镜进行增强，观察到了细胞贴壁的生长过程。

　　人工智能关系到国计民生，也是我国重点发展的领域之一。党的二十大报告强调，"推动战略性新兴产业融合集群发展，构建新一代信息技术、人工智能、生物技术、新能源、新材料、高端装备、绿色环保等一批新的增长引擎"。近年来，我国人工智能研究突飞猛进，在机器视觉、语音识别、机器人等众多领域取得了世界领先地位。当前，人工智能日益成为引领新一轮科技革命和产业变革的核心技术，在制造、金融、教育、医疗和交通等领域的应用场景不断落地，极大改变了既有的生产生活方式。学习、掌握好人工智能，可以让我们更好地投身到国家经济建设中。

　　本书向读者介绍了当代人工智能技术的入门知识，特别是以深度学习为代表的机器学习方法。本书用五章篇幅介绍人工智能在模拟人类视觉、听觉、语言、行为、思维五个方面的最新进展。这五个方面几乎覆盖了当前人工智能应用最广泛的几个领域,包括人脸识别、语音处理、语言理解、机器人设计、思维与智能等。在每一章,我们都从基础理论、基本方法、研究前沿等三个方面做简要介绍,尽量概括出当前主流技术的全貌。值得强调的是,人工智能本身就是一门实践科学,只有和算法相结合才能真正理解人工智能。本书介绍的很多算法都需要动手实践才能有更好的理解。读者只要根据本书"1.6 AIDemo 实践系统"的引导搭建实践环境,就可以亲自实践人脸识别、语音信号处理、计算中文词向量、AI 机器人、Deep Dream等人工智能技术,真正领略人工智能的神奇与瑰丽。

本书没有复杂的数学公式,适用于人工智能的初学者。同时,我们对每项关键技术都提供了参考文献,有志于深入理解人工智能算法的读者可以按图索骥,深入钻研。

本书的官方网址是 http://aibook.cslt.org,读者可以从中获得关于本书的更多信息和 AI 学习的其他资源。

著　者

2022 年 12 月

目 录

第 1 章　神奇的人工智能 ·· 1

1.1　什么是人工智能 ··· 2
1.2　人工智能简史 ··· 2
   1.2.1　数理逻辑：人工智能的前期积累 ····················· 2
   1.2.2　图灵：人工智能的真正创始人 ······················· 4
   1.2.3　达特茅斯会议：AI 的开端 ·························· 5
   1.2.4　人工智能的三起两落 ······························· 6
1.3　机器学习：现代人工智能的灵魂 ····························· 8
   1.3.1　什么是机器学习 ··································· 9
   1.3.2　机器学习发展史 ··································· 9
   1.3.3　机器学习的基本框架 ······························ 11
1.4　让人惊讶的"学习" ·· 13
   1.4.1　从猴子摘香蕉到星际大战 ··························· 13
   1.4.2　集体学习的机器人 ································· 14
   1.4.3　图片和文字理解 ··································· 15
   1.4.4　Alpha Go ······································ 16
   1.4.5　ChatGPT ······································ 17
   1.4.6　人工智能与科学研究 ······························ 18
   1.4.7　机器智能会超过人类智能吗 ························· 19
1.5　开始你的机器学习之旅 ·· 20
   1.5.1　训练、验证与测试 ································· 20
   1.5.2　Occam 剃刀准则 ································· 21
   1.5.3　没有免费的午餐 ··································· 21
   1.5.4　对初学者的几点建议 ······························ 21
1.6　AIDemo 实践系统 ·· 22
   1.6.1　AIDemo 环境搭建 ································ 22

    1.6.2　AIDemo 实践基础 ·················· 27

    1.6.3　人脸检测(Face-detection):第一个实践程序 ·········· 28

第 2 章　人脸识别 ································ 36

  2.1　人脸识别概述 ···························· 36

    2.1.1　什么是人脸识别 ······················ 36

    2.1.2　人脸识别系统的基本组成 ············· 38

    2.1.3　人脸识别简史 ························ 39

  2.2　基于特征脸的人脸识别 ·················· 42

    2.2.1　主成分分析 ·························· 42

    2.2.2　支持向量机 ·························· 45

  2.3　基于深度学习的人脸识别 ················ 47

    2.3.1　神经网络的故事 ······················ 47

    2.3.2　神经网络结构 ························ 50

    2.3.3　深度学习 ···························· 51

    2.3.4　基于深度卷积网络的人脸识别 ·········· 52

    2.3.5　基于 DNN 的人脸识别性能 ············ 54

  2.4　深度神经网络的其他应用 ················ 55

    2.4.1　人脸检测 ···························· 55

    2.4.2　人脸正规化 ·························· 56

    2.4.3　图像生成 ···························· 56

    2.4.4　图像风格转换 ························ 58

  2.5　图像处理技术的应用场景 ················ 58

  2.6　AI 实践:人脸识别 ······················ 59

  思考题 ·································· 65

第 3 章　语音处理 ································ 66

  3.1　语音的产生与感知 ······················ 67

    3.1.1　语音的产生 ·························· 67

    3.1.2　语音的感知 ·························· 69

  3.2　语音识别概述 ·························· 70

    3.2.1　什么是语音识别 ······················ 70

    3.2.2　语音识别简史 ························ 71

  3.3　基于 GMM-HMM 的语音识别 ·············· 74

    3.3.1　MFCC 特征提取 ···················· 75

    3.3.2　GMM-HMM 声学模型 ················ 75

3.3.3　N-Gram 语言模型 ･･････････････････････････････ 76

3.3.4　解码过程 ･･････････････････････････････ 77

3.4　基于深度学习的语音识别 ･･････････････････････････ 78

3.4.1　DNN 特征提取 ･･････････････････････････ 78

3.4.2　DNN 静态建模 ･･････････････････････････ 80

3.4.3　RNN 动态建模 ･･････････････････････････ 80

3.5　说话人识别 ･･････････････････････････････････ 82

3.5.1　传统 GMM-UBM 系统 ･･････････････････････ 82

3.5.2　基于 DNN 的说话人识别系统 ･････････････････ 83

3.6　语音合成 ･･････････････････････････････････ 85

3.6.1　参数合成 ･････････････････････････････ 85

3.6.2　拼接合成 ･････････････････････････････ 86

3.6.3　统计模型合成 ･････････････････････････ 87

3.6.4　神经模型合成 ･････････････････････････ 87

3.7　语音技术的应用场景 ･･････････････････････････ 88

3.8　AI 实践:语音信号处理 ････････････････････････ 89

3.8.1　实践说明 ･････････････････････････････ 90

3.8.2　实践步骤 ･････････････････････････････ 90

思考题 ･･････････････････････････････････････ 95

第 4 章　语言理解 ･･････････････････････････････ 96

4.1　人类语言的复杂性 ･････････････････････････････ 97

4.1.1　结构复杂性 ･･････････････････････････ 97

4.1.2　语义复杂性 ･･････････････････････････ 98

4.1.3　知识复杂性 ･･････････････････････････ 99

4.1.4　时空复杂性 ･･････････････････････････ 99

4.1.5　应用复杂性 ･･････････････････････････ 100

4.1.6　什么是语言理解 ･･････････････････････ 100

4.2　传统语言理解方法 ･････････････････････････････ 100

4.2.1　词法分析 ･････････････････････････････ 101

4.2.2　句法分析 ･････････････････････････････ 102

4.2.3　语义分析 ･････････････････････････････ 103

4.3　基于深度学习的语言理解方法 ･･････････････････････ 105

4.3.1　词向量 ･･･････････････････････････････ 106

4.3.2　句向量 ･･･････････････････････････････ 107

4.3.3　上下文相关建模与基础模型 ･････････････････ 109

4.3.4 传统方法和深度学习方法对比 ·········· 110

4.4 机器翻译 ································· 111
4.4.1 机器翻译的历史 ····················· 111
4.4.2 统计机器翻译 ······················· 112
4.4.3 神经机器翻译 ······················· 114

4.5 语言理解的其他应用 ····················· 116
4.5.1 搜索引擎 ·························· 116
4.5.2 推荐系统 ·························· 117
4.5.3 会话机器人 ························· 119

4.6 自然语言处理技术应用场景 ················· 121

4.7 AI实践：计算中文词向量 ·················· 121

思考题 ··································· 125

第5章 机器人设计 ··························· 126

5.1 现代机器人发展史 ······················· 127

5.2 基于设计的机器人 ······················· 131
5.2.1 操作机器人 ························· 131
5.2.2 移动机器人 ························· 134

5.3 基于学习的机器人 ······················· 136
5.3.1 简单的例子：模仿学习 ·················· 136
5.3.2 强化学习 ·························· 137
5.3.3 强化学习的学习对象 ···················· 140

5.4 深度强化学习方法 ······················· 141
5.4.1 Atari 游戏 ························· 141
5.4.2 AlphaGo Zero ······················ 142
5.4.3 实体机器人 ························· 144
5.4.4 两种机器人的比较 ····················· 145

5.5 机器人的应用场景 ······················· 146

5.6 AI实践：AI机器人 ······················ 147

思考题 ··································· 149

第6章 思维与智能 ··························· 150

6.1 形象思维 ····························· 151
6.1.1 诗词生成 ·························· 151
6.1.2 Deep Dream ······················· 156

6.2 逻辑思维 ····························· 159

6.2.1　定理证明：精确逻辑推理 ·· 160

6.2.2　阅读理解：非精确逻辑推理 ·· 163

6.3　机器学习人类思维的应用场景 ·· 168

6.4　AI 实践：Deep Dream ·· 168

思考题 ··· 174

参考文献 ··· 175

第 1 章　神奇的人工智能

制造智能机器自古以来就是人类一直追求的梦想,蕴藏在浩如烟海的民间故事、轶事和传说之中。《列子·汤问》中记载了一位名叫偃师的巧匠,他制作的机械人能歌善舞,与真人无异。一天,偃师带着它拜见周穆王,却因机器人朝向穆王的嫔妃们抛媚眼惹得穆王大怒,将它剖开后才确信是机器人,可见其惟妙惟肖。三国时期,传说蜀汉丞相诸葛亮发明了可以自动行走的木牛流马,走山路如履平地,北伐时常用以搬运军粮,立了大功。在中世纪的阿拉伯,博学者加扎利发明了众多玩偶机器人,包括送饮料的女侍者、可演奏音乐的机器人乐团等,受到时人的普遍欢迎。

随着机械制造工艺的进步和电子电气技术的发展,人类发明了很多自动化机器,如各种加工机器、电器设备等。这些设备虽然具有一定程度的自主性,但远未达到"智能"的程度。计算机的出现极大地推动了智能机器的发展,由此催生了一门全新的学科——"人工智能"。自 20 世纪 50 年代诞生以来,人工智能技术飞速发展,从最初的简单搜索和推理,到自动定理证明和专家系统,再到如今各种能听会说、能思会想的智能机器,人工智能技术已经悄无声息地走入我们的日常生活,极大地改变了社会生产方式和人们的生活方式,并为我们提供了无限的想象空间。可以预期的是,未来人工智能技术必然会在各个领域完成一个又一个的创举,成为人类探索自然、改变自然的强大工具和亲密战友。

1.1　什么是人工智能

　　首先,让我们来看看"什么是人工智能"。要回答这一问题,需要先了解"什么是智能"。依维基百科的定义,**智能**(Intelligence)是指生物一般性的精神能力。这个能力包括:推理、理解、计划、解决问题、抽象思维、表达意念以及语言和学习的能力。可以将"智能"通俗地理解为"思考的能力"。而**人工智能**(Artificial Intelligence,AI),就是让机器具有这种能力的科学,也就是说让机器像人一样能思会想。如果机器真的具备了这种能力,就可以称为**智能机器**(Intelligence Machine)。

　　几乎所有的机器都具有一定的智能元素,只不过有些智能元素是局部的、辅助的、不易察觉的,而有些智能元素却是全局的、主体的、表现出明显的智能性。此外,人们对智能的感知具有相对性。自动洗衣机在问世之初无疑是让人新奇的智能机器,但当它普及之后,人们就习以为常了,智能的标签就不存在了。这也说明了"智能"和"智能机器"本身的模糊性,人们总是把新颖的、具有超常能力的机器看作是智能的。值得注意的是,目前学术界和产业界并没有一个关于人工智能的确切定义。人工智能的先驱 John McCarthy(约翰·麦卡锡)在 1955年曾给出这样的定义:"人工智能是制造智能机器的科学与工程"。维基百科的定义是:"人工智能又称机器智能,是指由人制造出来的机器所表现出来的智能。通常人工智能是指通过普通计算机程序的手段实现的类人智能技术。"虽然没有一个公认的定义,但研究者对人工智能的研究目标是明确的,即为机器赋予人的思想和行为能力。

1.2　人工智能简史

1.2.1　数理逻辑:人工智能的前期积累

　　人工智能的发展初期以如何刻画人类的智能行为作为研究目标,特别是对知识的表达和推理过程的形式化。换句话说,就是如何将人类的智能行为用计算机模拟出来。事实上,对人类知识结构和推理方法的研究最早可上溯到古希腊哲学家亚里士多德(Aristotle)的三段论逻辑以及欧几里得(Euclid)的形式推理方法。13 世纪,加泰罗尼亚数学家和逻辑学家拉蒙·柳利(Raymundus Lullus)用机械手段模拟简单的逻辑操作,通过演绎运算从旧知识中推理出新知识。17 世纪,英国哲学家霍布斯(Hobbes)和数学家莱布尼茨(Leibniz)等进一步提出"推理就是计算"的思路,将逻辑变得可计算化。到了 20 世纪,在布尔(Boole)、费雷格(Frege)、希尔伯特(Hilbert)、罗素(Russell)等人的努力下，**数理逻辑**(Mathematical logic)成为一门独立的学科，标志着逻辑推理形式化的数学理论最终形成。

什么叫逻辑推理形式化呢？可以通过一个例子来简单理解。假设 p、q、r 分别表示"今天下雨""我们今天不野餐""我们明天野餐"，那么"如果今天下雨，那么我们今天将不野餐。"可表示为 $p \rightarrow q$；"如果我们今天不野餐，那么我们明天将野餐。"可以表示为 $q \rightarrow r$。通过连续运用推理规则，即可由 $p \rightarrow q$ 和 $q \rightarrow r$ 推理出 $p \rightarrow r$。这意味着"如果今天下雨，那么则明天野餐。"在上述过程中，我们将事实表示为符号，将推理表示成符号间的蕴含关系($\rightarrow$)，如果再加上一系列限制条件和演算规则，即可得到一套逻辑系统。在这套系统中，p、q、r 是独立于事实本身的变量，因此该系统描述的不是某一个具体的推理任务，而是一类基于相同逻辑元素和统一推理规则的任务的抽象表示。基于此，推理过程被转化成符号演算，这是数理逻辑的基本思路。

数理逻辑的发展为未来的人工智能大厦奠定了第一块基石。数理逻辑的先驱们认为一切智能活动都可以转化为逻辑过程，因此逻辑过程的可计算意味着人类智能的可计算。希尔伯特(图 1-1)甚至曾经设想一个一致完备的逻辑体系，只要基本假设是合理的，就可以通过运算推导出领域内的一切知识。这个大一统的梦想最终被哥德尔(Godel)著名的不完备定理打破，但数理逻辑的强大描述能力已经深入人心，大大增加了人们制造智能机器的勇气。人们相信，只要逻辑系统设计得足够好，就有望将人类的智能过程通过计算完美地复现，尽管当时计算机还没有出现。

图 1-1　大卫·希尔伯特(德国人，1862—1943 年，伟大的数学家)

注：1900 年，希尔伯特在巴黎的国际数学家大会上提出了 23 个问题。这些问题为 20 世纪的数学研究指明了方向，被称为"希尔伯特问题"。希尔伯特的第 2 个问题为"算术公理之相容性"。在这一问题中，希尔伯特猜想一个公理系统可以一致、完备地生成所有真值命题。这一猜想在 1930 年被奥匈帝国数学家库尔特·哥德尔证明为伪。

延伸阅读：哥德尔不完备定理

　　哥德尔于 1930 年证明，任意一个足够强大的逻辑系统都是不完备的，总有一些定理在该逻辑系统中无法被证明为真，也无法被证明为伪。哥德尔的证明类似"说谎者悖论"：如果有个人说"我说的是假话"，我们是无法判断这句话的真假的。如果这个人说的是真话，那么由"我说的是假话"这句话的意义可推知他（她）实际在说假话，与前提"他在说真话"相互矛盾；反之，如果这个人说的是假话，则"我说的是假话"这句话就不是真的，因此这个人事实上说的是真话，又与前提"他在说假话"相互矛盾。哥德尔证明类似的悖论在任何一个足够强的逻辑系统中都存在，因此任何一个逻辑系统总有它无法理解的命题存在。这说明任何一个系统都有其固有局限性，不同层次的系统局限性各不相同。计算机无法突破其固有局限性，因此模拟人类智能的方法有可能永远无法超过人类。

1.2.2　图灵：人工智能的真正创始人

　　1936 年，年仅 24 岁的英国科学家图灵（Turing）在他的论文《论可计算数及其在判定问题上的应用》中提出**图灵机**（Turing Machine）模型，证明基于简单的读写操作，图灵机有能力处理非常复杂的计算，包括逻辑演算。1945 年 6 月，美国著名数学家和物理学家约翰·冯·诺伊曼（John von Neumann）等人联名发表了著名的"101 页报告"，阐述了计算机设计的基本原则，即著名的**冯·诺伊曼结构**。1946 年 2 月 14 日，世界上第一台计算机 ENIAC 在美国宾夕法尼亚大学诞生。1951 年，ENIAC 的发明者电气工程师约翰·莫奇利（John William Mauchly）和普雷斯波·艾克特（J. Presper Eckert）依据冯·诺伊曼结构对 ENIAC 进行了升级，即著名的 EDVAC 计算机。计算机的出现为快速逻辑演算准备好了工具，奠定了人工智能大厦的第二块基石。

　　在美国人设计 ENIAC 的同时，图灵也在曼彻斯特大学负责曼彻斯特一号的软件开发工作，并开始关注让计算机执行更多智能性的工作。例如，他主张智能机器不该只复制成人的思维过程，还应该像孩子一样成长学习，这正是机器学习的早期思路；他认为可以通过模仿动物进化的方式获得智能；他还自己编写了一个下棋程序，这可能是最早的机器博弈程序了。为了对人工智能有个明确的评价标准，图灵于 1950 年提出了著名的**图灵测试**（Turing Test）。在这一测试中，图灵设想将一个人和一台计算机隔离开，通过打字进行交流。如果在测试结束后，机器有 30% 以上的可能性骗过测试者，让他（她）误以为自己是人，则说明计算机具有智能。这一测试标准一直延续至今，可惜还没有一台计算机可以确定无疑地通过这一看似简单的测试。图灵的这些工作使他成为人工智能当之无愧的创始人（图 1-2）。

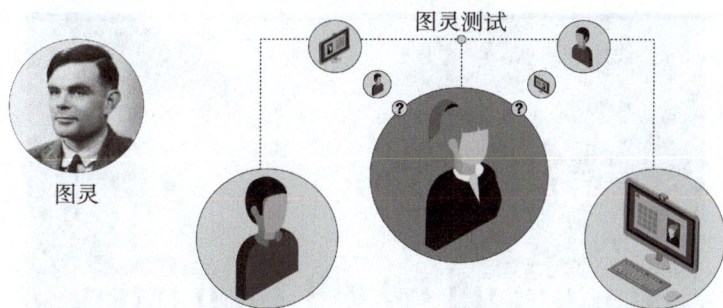

图1-2 图灵和他的图灵测试

注：测试者通过键盘和机器及真人以自然语言对话，如果机器可以骗过测试者，让测试者以为它是真人，则认为该机器具有了智能。

1.2.3 达特茅斯会议：AI的开端

就在图灵开始他的人工智能研究不久，当时很多年轻人也开始关注这一崭新的领域，其中就包括美国达特茅斯学院数学助理教授约翰·麦卡锡（John McCarthy）、美国哈佛大学数学与神经学初级研究员马文·明斯基（Marvin Minsky）、贝尔电话实验室数学家克劳德·香农（Claude Shannon）、IBM公司信息研究经理纳撒尼尔·罗切斯特（Nathaniel Rochester）。1956年，这些年轻人聚会在达特茅斯学院，讨论如何让机器拥有智能，这次会议被称为"达特茅斯会议"（图1-3和图1-4）。正是在这次会议上，研究者们正式提出"人工智能"这一概念，AI从此走上历史舞台。当时讨论的研究方向包括以下几个方面：

- 可编程计算机；
- 语言理解；
- 神经网络；
- 计算复杂性；
- 自我学习；
- 抽象表示方法；
- 随机性和创见性。

可见，当时人工智能的研究非常宽泛，像编程语言、计算复杂性这些现在看来并不算AI的范畴也需要人工智能的学者们考虑。这是因为当时计算机刚刚诞生不久，很多事情还没有头绪，AI研究者们不得不从基础做起。尽管如此，现代人工智能的主要研究内容在这次会议上已经基本确定了。

达特茅斯会议被公认为是人工智能研究的开始，会议的参加者们在接下来的数十年里都是这个方向的领军人物，完成了一次又一次的创举和突破。

图 1-3　达特茅斯会议原址

| John McCarthy 约翰·麦卡锡 | Marvin Minsky 马文·明斯基 | Claude Shannon 克劳德·香农 | Ray Solomonoff 雷·索洛莫洛夫 |
| Allen Newell 艾伦·纽厄尔 | Herbert Simon 希尔伯特·西蒙 | Arthur Samuel 亚瑟·塞缪尔 | Nathaniel Rochester 纳撒尼尔·罗切斯特 |

图 1-4　达特茅斯会议的几位参加者

1.2.4　人工智能的三起两落

历史总是曲折的，同时也是螺旋式前进的，人工智能的发展也是如此。我们可以将人工智能的发展分为以下几个阶段。

黄金十年(1956—1974 年)　达特茅斯会议后的十年被称为黄金十年,这是人工智能的第一次高潮。当时很多人持有乐观情绪,认为经过一代人的努力,创造出与人类具有同等智能水平的机器并不是个难题。1965 年,希尔伯特·西蒙(Herbert Simon)就曾乐观预言:"二十年内,机器人将完成人能做到的一切工作。"在这近二十年里,包括 ARPA 在内的资助机构投入大笔资金支持 AI 研究,希望制造出具有通用智能的机器。这一时期的典型方法是**符号方法**(Symbolic Method),该方法基于人为定义的知识,利用符号的逻辑演算解决推理问题。**启发式搜索**(Heuristic Search)是这一时期的典型算法,这一算法通过引入问题相关的领域知识(称为启发信息)对搜索空间进行限制,从而极大地提高了符号演算的效率。这一时期的典型成果包括定理证明、基于模板的对话机器人(ELIZA、SHRDLU)等。

AI 严冬(1974—1980 年)　到了 20 世纪 70 年代,人们发现 AI 并不像预想的那么无所不能,只能解决比较简单的问题。这其中有计算资源和数据量的问题,也有方法论上的问题。当时的 AI 以逻辑演算为基础,试图将人的智能方式复制给机器。这种方法在处理确定性问题(如定理证明)时表现很好,但在处理包含大量不确定性的实际问题时则具有极大的局限性。一些研究者开始怀疑用逻辑演算模似智能过程的合理性。如休伯特·德莱弗斯(Hubert Dreyfus)就认为人类在解决问题时并不依赖逻辑运算,然而,不依赖逻辑运算的感知器模型被证明具有严重局限性,这使得研究者更加心灰意冷。AI 研究在整个 20 世纪 70 年代进入严冬。

短暂回暖(1980—1987 年)　到了 20 世纪 80 年代,人们渐渐意识到通用 AI 过于遥远,人工智能首先应该关注受限任务。这一时期发生了两件重要的事情,一是**专家系统**(Expert System)的兴起;二是**神经网络**(Neural Net)的复苏。前者通过积累大量领域知识,构造了一批可应用于特定场景下的专家系统,受到普遍欢迎;后者通过学习通用的非线性模型,可以得到更复杂的模型。这两件事事实上都脱离了传统 AI 的标准方法,从抽象的符号转向更具体的数据,从人为设计的推理规则转向基于数据的自我学习。

二次低潮(1987—1993 年)　20 世纪 80 年代后期到 20 世纪 90 年代初期,人们发现专家系统依然有很大的问题,知识的维护相当困难,新知识难以加入,老知识互相冲突。同时,日本雄心勃勃的"第五代计算机"也没能贡献有价值的成果。人们对 AI 的投资再次削减,AI 再次进入低谷。在这一时期,人们进一步反思传统人工智能中的符号逻辑方法,意识到推理、决策等任务也许并不是人工智能的当务之急,实现感知、移动、交互等基础能力也许是更现实、更迫切的事,而这些任务与符号逻辑并没有必然联系。

务实与复苏(1993—2010 年)　经过 20 世纪 80 年代末和 20 世纪 90 年代初的反思,一大批脚踏实地的研究者脱去 AI 鲜亮的外衣,开始认真研究特定领域内特定问题的解决方法,如语音识别、图像识别、自然语言处理等。这些研究者并不在意自己是不是在做 AI,也不在意自己从事的研究与人工智能的关系。他们努力将自己的研究建立在牢固的数学模型基础上,从概率论、控制论、信息论、数值优化等各个领域汲取营养,一步步提高系统的性能。在这一过程中,研究者越来越意识到数据的重要性和统计模型的价值,**贝叶斯模型**(Bayes Model)和神经网络越来越受到重视,机器学习成为 AI 的主流方法。

迅猛发展(2011 至今)　人工智能再次进入大众的视野是在 2011 年。这一年苹果发布了 iPhone 4S,其中一款称为 Siri 的语音对话软件引起了公众的关注,重新燃起了人们对人工智能技术的热情。从技术上讲,这次人工智能浪潮既源于过去十年研究者在相关领域的踏实积累,同时也具有崭新的元素,特别是大数据的持续积累、以**深度神经网络**(Deep Neural Net,DNN)为代表的新一代机器学习方法的成熟,以及大规模计算集群的出现。这些新元素组合在一起,形成了聚合效应,使得一大批过去无法解决的问题得以解决,实现了真正的成熟落地。可以说,当前的人工智能技术比历史上任何一个时代都踏实和自信。

1.3　机器学习：现代人工智能的灵魂

从半个多世纪的发展历程可以看出,人工智能技术的进步走的是一条"反逻辑"的路。人类用一千多年的时间得到了可计算的逻辑,即数理逻辑。虽然绝大多数逻辑系统并不完备(可能存在不可证明真伪的命题),但在很多时候已经足以描述在数学和物理学上的很多知识(如概念、关系等)。这些知识是如此简洁美好,如果可以被计算机掌握,则有望实现理解、决策等智能行为,这也是最初的人工智能研究者所持有的基本思路。然而,人们在研究过程中一步步发现,人为设计的知识以及基于这些知识的推理过程在实际应用中非常困难。这不仅因为对知识进行形式化本身就很烦琐,即使完成了这一形式化,依然会有各种冲突和不确定性存在,使得推理很难完成。相反,从数据中学习得到的知识虽然可能是不精确、不全面的,但在很多时候更适合实际应用。因此,人工智能的研究者们不得不用数据学习逐渐取代人为设计。在这一过程中,我们失去了传统数理逻辑的简洁和清晰,越来越依赖从数据中得到统计规律,而这些规律天然具有模糊性和近似性。

这意味着当前人工智能技术与传统 AI 在方法论上已经有很大的不同了。当代人工智能的本质是让机器从数据中学习知识,而不再是对人类知识的复制,这一方法称为"机器学习"。基于这样的思路,人工智能已经不再是人的附庸,它将和人类在平等的起跑线上汲取和总结知识,因而可能创造出比人类更巧妙的方法、生成比人类更高效的决策、探索人类从未发现过的知识空间。数据越丰富,计算能力越强,这种学习方法带来的效果越好,超越人的可能性越高。当前 AI 的很多成就很大程度是由庞大的数据资源和计算资源支撑的,典型的领域包括语音识别、图像识别、自然语言处理、生物信息处理等。21 世纪的 AI 是数据的 AI，是机器学习的 AI，"人工智能"里的"人工"更多的是设计学习原则，而非设计智能过程本身。基于此，本书将重点介绍基于机器学习的现代 AI 技术。关于传统 AI 方法，读者可参考朱福喜老师编著的《人工智能基础教程》一书。

1.3.1　什么是机器学习

1959 年，亚瑟·塞缪尔（Arthur Samule）发表了一篇名为 *Some Studies in Machine Learning Using the Game of Checkers* 的文章。该文章描述了一种会学习的西洋棋计算机程序，只需告诉该程序游戏规则和一些常用知识，经过 8～10 小时的学习后，即可学到足以战胜程序作者的棋艺。这款西洋棋游戏是世界上第一个会自主学习的计算机程序，宣告了机器学习的诞生。

什么是机器学习？塞缪尔认为机器学习是"让计算机拥有自主学习的能力，而无须对其进行事无巨细的编程"的方法。尼尔斯·约翰·尼尔森（Nils J. Nilsson）则认为机器学习是"机器在结构、程序、数据等方面发生了基于外部信息的某种改变，而这种改变可以提高该机器在未来工作中的预期性能"。上述这些定义本质上是一致的，即认为机器学习是通过接收外界信息（包括观察样例、外来监督、交互反馈等），获得一系列知识、规则、方法和技能的过程。和传统算法相比，机器学习的一个巨大优势在于程序设计者不必定义具体的流程，只需告诉机器一些通用知识，定义一个足够灵活的学习结构，机器即可通过观察和体验积累实际经验，对所定义的学习结构进行调整、改进，从而获得面向特定任务的处理能力。

1.3.2　机器学习发展史

图 1-5 给出了机器学习发展历史上的一些重要人物和标志性事件。总体来说，20 世纪 50 年代以前是技术积累阶段，研究者在统计学习和优化方法上提出了一系列模型和准则。1950 年图灵提出图灵测试准则，开创了人工智能的广阔领域。机器学习伴随着人工智能的研究开始萌芽。1959 年亚瑟·塞缪尔的划时代论文将"机器学习"这一重要概念引入人工智能，并开始独立解决实际问题。整个 20 世纪 60 年代，以符号逻辑为研究对象的**符号学派**（Symbolism）是人工智能研究的主流，人工神经网络、概率模型、遗传算法等更侧重"学习"的方法开始萌芽。进入 20 世纪 70 年代，人工智能的冬天来临，机器学习研究也走入困境，特别是在马文·明斯基发表《感知器》一书后，被寄予厚望的人工神经网络的研究几乎停滞。

这一状态一直持续到 20 世纪 80 年代。因为基于符号逻辑的人工智能方法无法提供足够的学习空间，一些学者开始转向统计学习方法，形成了两个主要研究方向：一是基于概率模型的**贝叶斯学派**（Bayesianism）；二是基于神经网络模型的**连接学派**（Connectionism）。贝叶斯学派的代表人物包括 Judea Pearl, S. L. Lauritzen, D. J.

Spiegelhalter 等,连接学派的代表人物包括 John Hopfield,David Rumelhart,Geoffrey Hinton 等。

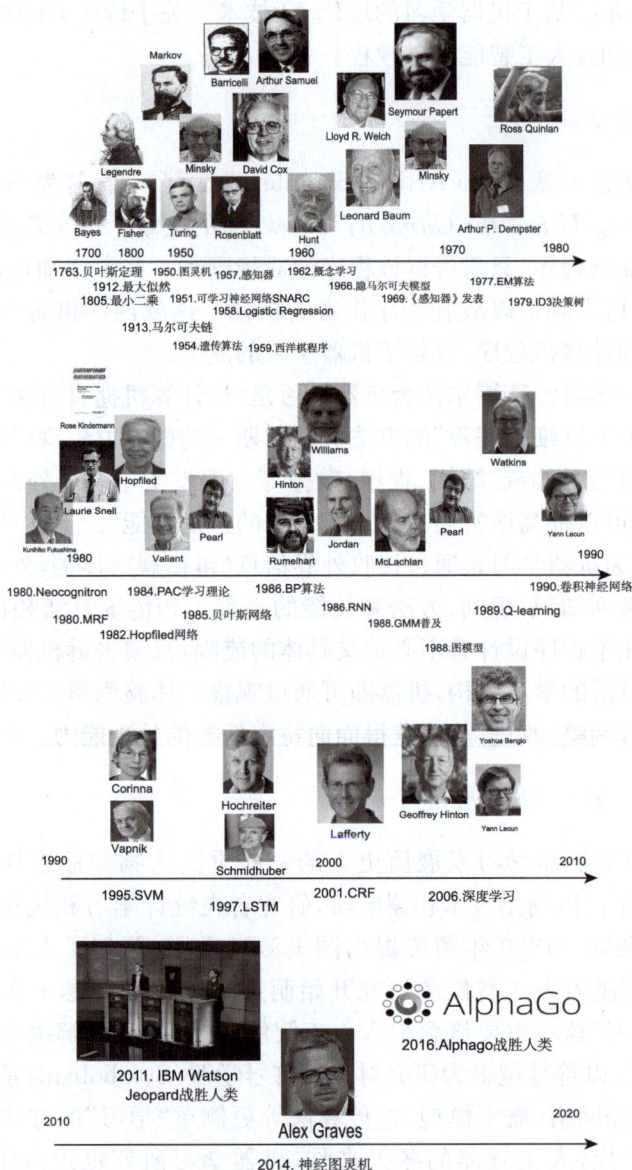

图 1-5　机器学习发展史上的若干重要人物和重要事件

注:坐标轴上方为人物,下方为对应人物的对应事件。

这两个学派在基本思路上有很大的差异,但都认为机器学习(包括人工智能)应该有更灵活的学习框架,而非在人为定义的符号系统中小修小改。整个 20 世纪

80 年代,机器学习的研究者们在人工智能领域的边缘默默积累,贝叶斯学派提出了图模型,连接学派发展出卷积神经网络、递归神经网络等新型网络结构和高效的反向传播(Back Propagation,BP)训练算法。

进入 20 世纪 90 年代以后,以符号演算为基础的传统人工智能方法越来越表现出其局限性。第一,随着任务越来越复杂,对知识的定义越来越困难,不仅知识数量越来越多,不同知识之间还经常出现矛盾;第二,知识系统越复杂,新知识的加入越困难,产生的结果越难以估计;第三,对一些没有先验知识的领域,推理系统无法工作;第四,人为创建的知识在面对实际问题时经常会产生偏差,甚至会带来严重错误。相比之下,以统计方法为基础的机器学习方法可以通过灵活的结构从数据中学习知识,可以方便处理数据中的噪声和矛盾。基于此,以统计学习为特征的机器学习方法成为人工智能领域的主流方法。

进入 21 世纪以后,计算机的性能比以前有了大幅提高,这为以统计学习为特征的机器学习方法提供了更加广阔的发展空间。今天,机器学习在信号处理、自然语言理解、图像处理、生物与医学等各方面取得了前所未有的成功。如今,当我们谈论人工智能的时候,很多时候谈论的是机器学习。另一方面,互联网积累了大量人为编辑的数据(如维基百科),这些数据的出现一定程度上解决了传统符号方法在知识积累上的瓶颈,使得以**知识图谱**(Knowledge Graph)为代表的新一代符号方法取得了长足的进步。有意思的是,新生代的符号主义研究者们开始主动拥抱机器学习,利用机器学习方法对知识进行抽象与推理。新符号主义是机器学习领域中的重要力量。关于机器学习和人工智能的发展历史,有兴趣的读者可参考最近出版的一些科普著作。

1.3.3 机器学习的基本框架

研究者对机器学习有各种各样的表述。本书中,我们将从"知识"和"经验"两个概念来理解机器学习。所谓知识,是人类已经获得的可形式化的某种理性表达(如英语语法和数学公式等),这些知识也被称为**先验知识**(Prior Knowledge,即已经掌握的知识)。所谓经验,是指机器在运行环境中得到的反馈(比如,我们知道沸水是不能喝的,因为有过一次被烫伤的经历,由此总结出了一条"不能喝沸水"的经验)。经验中包含大量有用的信息,只是掩盖在复杂的表象之下,很难被直接利用。

"知识"和"经验"是机器学习系统的两个基本信息来源,基于其中任何一种信息源都可以构造一个有效的智能系统。但是,基于单一信息源的系统存在明显缺陷:纯粹基于知识的系统封闭而不思进取;纯粹基于经验的系统博闻而不求甚解。一种很自然的想法是将两者结合起来。这类似一个新生儿,从诞生的那一刻起父母通过遗传给他一个合理的神经结构(可以认为是一个基于知识的"设计"),可以进行呼吸、哭闹等基本动作,但更高级的能力(如语言、推理等)则需要通过后天学习,从经验中进行总结。因此,人类本身就是一个既有先验知识,也有后天学习的综合系统。我们认为这种先验知识和后天经验学习相结合的能力获取方式是现代机器学习乃至人工智能的基本特征之一,而如何平衡这两者的关系产生了风格迥异的学习方法。图 1-6 给出基于知识—经验的机器学习框架。下面从学习目标、学习结构、训练数据、学习方法四个方面展开讨论。

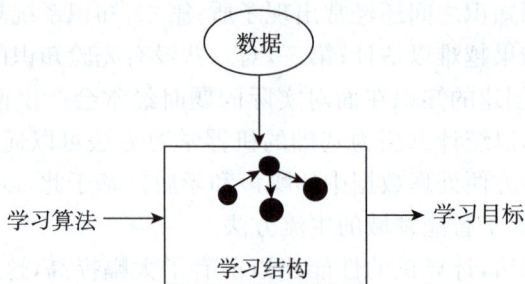

图 1-6　基于知识—经验的机器学习基础框架

注:首先确定学习目标,之后基于先验知识设计学习结构。参考该学习目标和学习结构,选择合适的学习方法,利用数据对学习结构进行修正,使之能更好地完成目标任务。

学习目标:机器学习任务的目标是多种多样的。从应用角度看,学习目标可分为**感知**(Perception)、**推理**(Induction)、**生成**(Generation)等。其中,感知包括听声、看画等;推理包括寻找原因,作出决策等;生成包括生成语音、图片、文字等。从任务性质看,学习目标可分为**预测**(Prediction)和**描述**(Description)两类,前者是指给定一部分数据(如昨天的股市指数)对另一部分数据进行预测(如今天的股市指数),后者是指对数据的内在规律进行发现和刻画(如股市指数在一段时间内的变化规律)。

学习结构:学习结构又称**模型**,定义了用以表达系统知识的具体形式。**函数**(Function)是一种常见的模型,该模型将知识表达为由某一输入到某一输出的映射,学习时通过改变函数参数来吸收从数据中得到的新知识;**图和网络**(Network)是另一种常见的模型,该模型将知识表达为图或网络中节点的属性以及节点之间的联系,学习时通过改变这些属性和联系来吸收从数据中得到的新知识。

训练数据:数据是经验的累积,利用数据对系统进行学习可以更新先验知识、提高系统实用性。数据的质量、数量和对实际场景的覆盖程度都会直接影响学习的结果,因此数据积累是机器学习研究的基础,"数据是最宝贵的财富"已经成为机器学习从业者的共识。

在收集和整理数据时,通常会关注数据是否准确、是否完整,不同数据间的相关性如何。另外,我们一般不会直接使用原始数据,而是通过一系列预处理过程对数据进行清洗过滤,并将数据中最显著的部分提取出来(称为**特征提取**)进行学习。

学习方法:学习方法是学习过程的具体实现,即通常所说的**算法**。机器学习算法可分为**有监督学习**(Supervised Learning)、**无监督学习**(Unsupervised

Learning)、**半监督学习**（Semi-Supervised Learning）和**强化学习**（Reinforcement Learning)四种。其中，监督学习需要人为对数据进行标注（如给猫的图片标上"猫"，给影评标上正面或负面评价等）；无监督学习不需要标注；半监督学习需要部分标注；而强化学习只需要间接标注（见第 5 章）。需要特别注意的是，算法的选择是由学习结构、学习目标及数据特性等几方面因素共同决定的，不存在一种普适算法在所有任务中全面胜出。

总之，我们认为机器学习是一种将人类先验知识和后天经验相结合，以提高计算机处理某种特定任务能力的计算框架。这一框架包括学习目标、学习结构、训练数据和学习算法四个部分。基于这一框架，我们依赖先验知识设计合理的学习结构，设计相应的学习算法，从经验数据中得到知识并对现有学习结构进行更新，使得既定的学习目标得到优化。

1.4　让人惊讶的"学习"

2011 年以来，以深度学习为代表的机器学习技术突飞猛进，发展速度超出了很多人的想象。下面来看几个有趣的例子。

1.4.1　从猴子摘香蕉到星际大战

人工智能的一个经典问题是：如图 1-7 所示，在一个房间内有一只猴子、一个箱子和一束香蕉。香蕉挂在天花板下方，但猴子的高度不足以碰到它。那么这只猴子怎样才能摘到香蕉呢？传统符号方法会定义若干命题及推理规则，这些命题和规则代表猴子能进行的所有操作（如朝前后左右移动、搬动箱子、爬上箱子等），以及每个操作在特定状态下产生的结果（如搬动箱子后可以爬上箱子）。通过启发式搜索算法，如果可以找到一条从"猴子刚进屋"到"猴子吃到香蕉"的路径，即可找到让猴子吃到香蕉所需要的动作序列。

图 1-7　猴子摘香蕉：人工智能经典问题

上述符号方法的缺点很明显：当场景稍微改变一些，原有系统就需要作非常复杂的重新设计。如香蕉晃动、多挂几串、地板上有个坑、猴子左手使不上力、多了几只猴子等，这些复杂性使得传统符号方法很难实现。为此，研究者考虑利用现代机器学习方法来解决这一问题：不是试图建立所有规则，而是让猴子不断尝试各种方法去获得香蕉，每向正确的方向前进一步都给猴子一定鼓励，这样猴子就可以摆脱人为规则的束缚，在尝试中学会在各种场合下摘到香蕉的技能。

一个典型的例子是 DeepMind 基于深度神经网络和强化学习教会机器打电子游戏。这一任务和摘香蕉类似，游戏中每作出一个正确动作就给机器一定奖励。经过大量尝试以后，机器从对游戏一无所知成长为游戏高手，甚至超过了绝大多数人类玩家。图 1-8 是机器人操作游戏杆玩外星入侵者游戏的视频截图。

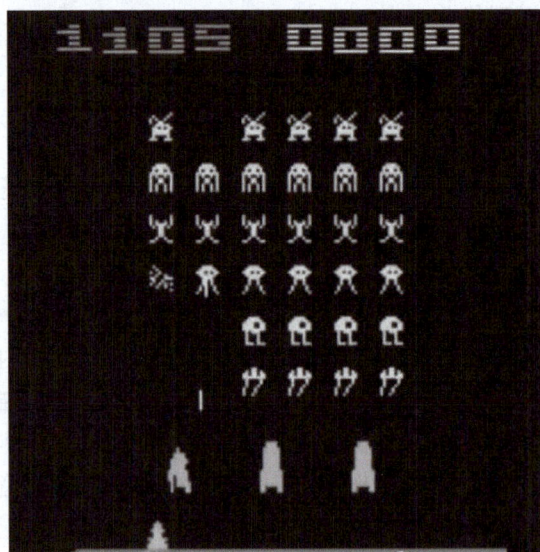

图 1-8　机器人操作游戏杆玩太空入侵者游戏

注：图片来自 DeepMind 视频。

1.4.2　集体学习的机器人

如果把摘香蕉的猴子看作机器人，处理摘香蕉这个任务的过程就是观察—计划—执行，这显然和人类处理问题的方式有所不同。我们一般会在执行过程中依据当前的行为结果不断进行重新规划，直到任务完成。比如将猴子摘香蕉变成让猴子穿针，针在风的吹动下不断摆动，这个复杂的任务别说猴子，连人都无法在任务初期就形成一个完整的行动计划。因此，我们首先会确定一个近期目标，如走近悬针的位置，再调整目标，将线接近针孔，最后将目标调整为将线送入针孔中。在这一过程中，所有近期目标的达成都会面临很多的不确定性（如风把针吹走），当不确定事件发生时,我们会即时调整策略,确保最终目标能够实现。

近年来,研究者试图让机器具有类似的能力,并取得了突破性进展。首先,研究者发现利用复杂的神经网络可以有效提取环境信息,包括视觉、听觉、触觉、红外、超声等;其次,利用强化学习方法(见第 5 章),机器可以在不断尝试中学会完成复杂任务的技巧,极大地提高了应对复杂场景的能力;最后,群体学习方法使得多台机器可以共享学习成果,一台机器学会了,其他机器马上得到同样的知识。这些技术为人工智能领域带来了深刻的变革。首先,复杂神经网络相当于给机器装上了灵敏的感觉器官,可从原始感知信号中抽取有价值的信息;第二,不必为机器设计复杂的推理系统,只需给它提供足够的经验数据,机器就可以自己学习如何完成任务的技能;第三,当机器可以群体学习的时候,学习速度将大幅提高,远远超过人类的进化速度。这意味着在不远的将来,很多复杂的任务在机器面前可能变得不再困难。

图 1-9 是谷歌公司发布的一个机器人群体学习系统,其中一群机器人正在努力学习从盘中抓取物体的本领。每个机器人的手臂类似一个钳子,可以放下和收紧。这群机器人开始对如何完成抓取任务一无所知,有的只是一个摄像头和抓住物体后的奖励信号。谷歌的研究者们在两个月的时间里用 14 台机器收集了 80 万次随机抓举尝试,并用这些数据训练深度神经网络。经过训练后,这些机器人学会了如何在盘子中找到物体并将它抓起来的技巧,而且一旦某一个机器人学会了一种抓取方法,它立即通过网络通知其他机器人,使得学习速度成倍提高。

图 1-9　机器人群体学习

注:若干机器人协同学习,从随机状态开始,经过多次尝试后可通过学习得到抓取物体的能力。

1.4.3　图片和文字理解

机器学习另一个有趣的例子是如何理解一幅图片的内容,并用自然语言描述出来。传统图像处理方法需要对图片中的物体进行检测和识别,提取出图片中包含的主要对象。进而,考虑各个对象的属性、不同对象之间的位置关系、对象组合之后形成的整体效果,通过一些确定好的模板即可生成对这些对象的描述。但是,图片内容检测和对象识别本身就是很困难的事,即便完成了这一检测和识别,将这些对象所描述的事实用自然语言表达出来也是件非常困难的事。

2015年,科学家们提出了一种基于神经网络的端对端学习方法。这一方法的思路是以互联网上大量带标签或评语的图片为训练数据,学习图片和这些标签、评语之间的对应关系。系统一开始对这些对应关系一无所知,但经过大量学习,机器即可找出图片内容和单词之间的内在联系,并将这些单词连贯成自然语句,表现出来的效果就如同"理解"了这幅图片。图1-10给出了两个例子,其中,上面一幅图被机器理解成"一个女人正在公园里扔飞盘",下面一幅图被机器理解成"一个小女孩抱着只泰迪熊坐在床上"。

A woman is throwing a <u>frisbee</u> in a park.

A little <u>girl</u> is sitting on a bed with a teddy bear.

图1-10 基于神经网络模型的图片理解

注:左边两幅图是原图;右边两幅图表示带下划线的单词(frisbee和girl)所对应的图片内容。

1.4.4 Alpha Go

2016年人工智能界发生了一件令人瞩目的大事:DeepMind的AlphaGo围棋机器人战胜了韩国棋手李世石九段。这距离它战胜欧洲围棋冠军华裔法籍棋士樊麾二段仅过去半年时间。

机器在人机对弈中战胜人类已经不是新闻,最典型的莫过于IBM的深蓝于1997年战胜当时的世界国际象棋冠军卡斯帕罗夫,成为首个在标准比赛时限内击败国际象棋世界冠军的计算机系统。那次胜利被认为是人工智能领域的重要成就。依靠强大的计算能力和内存资源，深蓝可以搜索估计 12 步之后的棋局，而一名人类象棋高手最多可估计约 10 步。深蓝的基本算法是启发式搜索。

比起国际象棋，围棋的搜索空间要大得多，启发式搜索很难奏效，因此对围棋的处理要复杂得多。对于人类棋手，人们往往将处理这种复杂性的能力归结为一种灵性。围棋经典著作《棋经十三篇》中称之为"势"。围棋高手们往往把对"势"的把握看作棋力的象征。通过"势"与"利"的高超运用，顶尖高手们谋划、布局、引诱、潜伏、外攻、内陷、假弃、长取，纵横捭阖、经天纬地。正因为如此，围棋经常被神秘化，与攻伐、理政、怡情、处世等高级智慧联系起来。因此，在 AlphaGo 之前，很多围棋界人士都断言机器永远不可能战胜人类顶尖棋手。

然而事实却有趣得多：当 DeepMind 的研究者利用神经网络将棋局映射到一个连续的状态空间后，他们发现在这个空间里判断盘面的价值会非常容易。这一连续空间就如同人类棋手脑海里的感觉空间——看到一个盘面，在这个空间里自然形成了优劣强弱的判断，只不过人类是通过长期训练得到的一种直觉，而机器是纯粹计算出来的。基于这一感觉空间，机器学会了人类的灵性，并借此击败了人类。在后续的改进版本 AlphaGo-Zero 中，机器甚至抛开了对人类的学习，仅通过自我对弈即学习到了强大的棋力。这说明机器不但可以学习人类的灵性，而且可以创造自己的灵性，从而摆脱人类固有经验的束缚，实现独立的机器智能。

1.4.5　ChatGPT

2023 年，一款称为 ChatGPT 的人工智能模型引起广泛关注，成为继 AlphaGo 之后的又一个里程碑式事件。ChatGPT 不仅可以和人类愉快地聊天，还可以写小说、做标书、做数学推理，写代码。你可以问 ChatGPT 各种问题，它几乎无所不知。能否与人自由交流是检验机器智能的重要标准，即图灵测试。为了挑战图灵测试，科学家们可以说是耗费了"洪荒之力"，设计了各种模型结构和对话策略，但进展缓慢。ChatGPT 的出现从根本上改变了这种局面。虽然 ChatGPT 从没有公开声明自己通过了图灵测试，但很多人与它交流之后倾向于认为它已经通过了这一测试，甚至达到了更高的智能。ChatGPT 的出现让人们第一次感受到了机器智能迫近人类智能的压力，开始相信接近甚至超越人类的机器智能的存在。

有趣的是，虽然 ChatGPT 表现出了强大的智能，但其背后的原理却并不复杂：它只是一个语言模型，功能是从一个词序列预测下一个可能出现的词。就像我们在输入法里常见到的那样，用户输入一句话，输入法会自动提示下一个词，越是常用的、合规的词排位越靠前。ChatGPT 也是一样，它把用户的问题作为输入词序列，然后一个词一个词地生成答案。特殊之处在于 ChatGPT 的语言模型非常强大，由一个超过 1750 亿个参数的神经网络构成，可以理解超过 2000 个词的上下文语境，训练这一模型用了 45TB 的语料。一个如此简单的预测模型，只要训练数据的总量足够庞大就可以产生强大的智能,这超出了大多数研究者的预期。

特别让人惊讶的是,人们发现进行大数据学习后,ChatGPT获得了一些在训练数据中并不存在的知识和技能,这一现象称为"涌现"。例如,当问它"如果火星上有氮气会如何?"时,它的回答是这样的:"如果火星上有氮气,那么它将会对火星的大气环境产生一定的影响。氮气是一种稳定的气体,可以稳定火星的大气压力,从而有助于保持火星的温度和湿度。此外,氮气也可以作为植物生长的重要元素,如果未来有人类在火星上建立气体温室,那么氮气也可以用来提供植物所需的氮元素。不过,目前还没有确凿的证据表明火星上存在氮气。"这些句子在训练文本中是不存在的,是ChatGPT自己"思考"出来的,是通过学习了大量相关知识后的自我理解。当然,这些思考很可能有疏漏或错误,但关键在于机器学会了思考,从而拥有了无限的想象空间。研究者相信,对"涌现"现象的研究将会帮助我们理解人类智能本身的秘密。

1.4.6　人工智能与科学研究

近年来,人工智能领域的另一个重要进展是与基础学科的融合,在生物学、化学、物理学、天文学等众多领域取得了令人瞩目的成就。

DeepMind的AlphaFold2是一个典型代表。蛋白质是生命的基础,而蛋白质的基础是氨基酸序列,或称为肽链。肽链在化学键的作用下发生折叠扭曲,形成复杂的空间结构,有些蛋白质还可能包含多个肽链,使得空间结构更为复杂。糟糕的是,蛋白质的性状是由其分子的空间结构决定的,这意味着为了了解蛋白质的特性,就必须对它的空间结构进行解析。传统方法包括核磁共振仪、X射线、冷冻电镜等。这些方法需要昂贵的设备,而且操作复杂,耗时耗力。经过半个多世纪的努力,人们已经确定了17万种蛋白质的结构,但是还有两亿种已知蛋白质等待检测。2020年,DeepMind发布了AlphaFold2,通过氨基酸序列直接预测蛋白质结构,极大提高了蛋白质的解析速度。2022年7月,DeepMind已经完成了对两亿种蛋白质的结构预测,几乎覆盖了人类能接触到的所有蛋白质。

清华大学的研究者们在《自然·通讯》上发布了一项成果,他们用大量科技文献训练了一个能读懂分子式的深度神经网络模型。这个模型不仅可以用自然语言来描述一个分子式的结构和功能,还能判断一个化学反应能否发生。这一成果进一步验证了机器通过学习可以理解和掌握自然语言中所包含的知识,同时也表明自然语言可能是知识的主要载体,理解人类语言有可能是学习物理世界基础规律的捷径。

2022年,中国科学院生物物理研究所、清华大学、美国霍华德休斯医学研究所的研究者在《自然·生物学》上发表了一项成果,他们利用人工智能技术制作了一台高清显微镜,可以对细胞级的生物世界进行更清晰的观察。传统光学显微镜在高倍放大时受噪音影响严重,难以获得高清图片。人工智能技术可以去除这些噪音,从而展示出更多细节。研究者们利用这一技术清晰地观察到了细胞的贴壁生长过程,如图 1-11 所示。

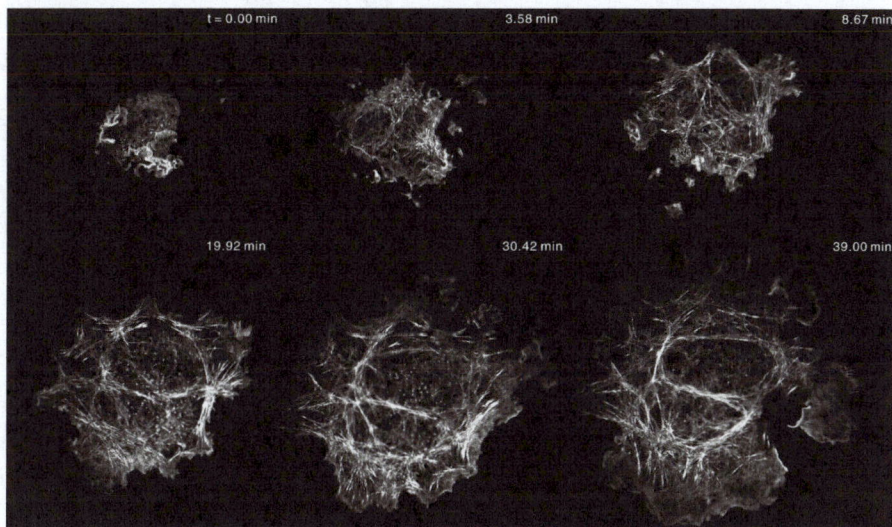

图 1-11　基于人工智能技术的高清显微镜观察到的细胞贴壁生长过程

类似的例子还有很多,人工智能在很多领域都产生了革命性的推动作用。一个重要原因是经过长期发展,几乎每个领域都积累了大量数据,这些数据或者质量低、噪声大,分析起来比较困难,或者总量过大,超出了人的处理能力。人工智能可以对这些数据进行分析,并从中发现新规律,从而催生重大技术变革的机会。未来人工智能必将成为科学研究的重要工具,帮助科学家探索自然、改造自然。

1.4.7　机器智能会超过人类智能吗

2016 年以来,人工智能成为公众关注的热点,特别是 AlphaGo 以压倒性优势战胜人类以后,很多人(包括一些业界领袖)都在思考一个问题:机器未来会超过人吗? 这是个见仁见智的问题。我们认为,机器学习技术虽然在近年取得了长足进步,但距离成熟还有相当长的路要走。另一方面,机器在众多任务上一项一项超过人类并不奇怪,人类的历史就是一部被机器超越的历史,从汽车到飞机,从计算器到 GPU。当前以机器学习为代表的人工智能技术飞速发展,人们用大量真实数据、更强大的计算资源去训练更复杂的模型,完成以前无法想象的任务;人们研究迁移学习、协同学习和群体学习等各种知识继承方法,让机器具有类人的适应能力;人们甚至开始研究如何让机器具有自主创造力、目标驱动力、情感和艺术。如果考虑到快速增长的数据量、强大的分布式计算资源、开放的知识共享模式,可以预期机器将获得越来越强大的能力。基于此,有理由相信未来总会有一天机器会在绝大多数任务上超过人类,至少是绝大部分人类。然而,像所有工具一样,再强大的机器也是为人类服务的,只要保证机器的控制权握在理性人手中,并提前预知风险,机器就不会成为人类的敌人。

1.5 开始你的机器学习之旅

机器学习在很大程度上是一种权衡(trade-off)的艺术,没有一种机器学习的方法一定优于另一种,一种算法在获得某种优势的同时也将受限于某种劣势。设计一个好的机器学习系统需要对各种因素通盘考虑,结合任务需求和数据特性,选择合适的机器学习方法。

1.5.1 训练、验证与测试

我们从一个最简单的机器学习任务开始。要完成这一学习任务,我们将实验过程分为**训练**(**Training**)和**测试**(**Testing**)两个阶段。训练相当于我们平时在课堂上学知识(机器学习是学习模型);测试相当于我们的期末考试,用来测试训练过程是否取得了足够好的学习效果。

- 训练:给定一个包含若干样本的**训练集**(Training Set),对模型进行参数调整,使得该模型在训练集上的性能越来越好。
- 测试:将训练完成的模型在一个独立的**测试集**(Test Set)上进行测试,通过在该测试集上获得的性能来判断模型的好坏。

这里有一个问题:为什么模型性能要在一个独立的测试集上验证,而不是在训练集上?这是因为在很多情况下,经过反复训练可以让模型对训练数据有充分的代表性,因此在该数据集上表现出良好性能,但对不包含在训练集中的数据性能反而会越来越差。这有些像我们平时读书备考,如果只是将课本背得滚瓜烂熟,却不会举一反三,那么考试时肯定得不到好成绩,因为考试肯定会出书本上没有的问题,过于沉溺书本就失去了对新问题的解决能力。机器学习也是如此,训练过度后,模型对训练数据描述得过细,以至于失去了代表新数据的能力,这种现象称为**过拟合**(Over-Fitting)。相反,如果对训练数据的学习达不到要求,得到的模型在其他数据集上的性能也不会好,这种现象称为**欠拟合**(Under-Fitting)。这类似于一个学生连课本上的知识点都没有掌握,在考试中肯定也会一败涂地。

如何防止过拟合呢?一个简单的方法是在训练时用测试集检验模型的性能,当模型性能在测试集上开始下降的时候,即认为出现了过拟合,此时停止训练会得到一个在测试集上性能最好的模型。但这一方法在训练时用到了测试数据信息,得到的模型对测试集产生了依赖。为防止这一问题,通常会单独设计一个**验证集**

（Validation Set），基于验证集进行模型选择，选择出的模型在测试集上进行测试，将该测试结果作为模型性能的评价。

1.5.2 Occam 剃刀准则

一般来说，越复杂的模型含有的参数越多，越容易对训练数据描述过细，产生过拟合。然而，过于简单的模型又不具有较好的描述能力，无法学到足够的知识。因此，选择合适的模型复杂度对解决实际问题特别重要。一般遵循的准则是："在保证足够描述能力的前提下尽量选择最简单的模型"，这一准则称为 **Occam 剃刀准则**（Occam's Razor）。

1.5.3 没有免费的午餐

机器学习中有那么多模型，有没有一种模型完胜其他模型呢？答案是没有。所谓模型好坏都是相对特定任务、特定场景、特定数据而言的。如果一个模型在某一场景、某一数据下具有某种优势，则在其他场景、其他数据下必然具有相应的劣势，这一原则称为 **No Free Lunch** 原则，即常说的"天下没有免费的午餐"。这一原则是机器学习实践中的基本准则，它告诉我们对具体任务要具体分析，选择与任务相匹配的模型，才能得到较好的效果。这也提示我们要学习每种模型背后的基础假设和适用条件，唯其如此，才能对不同任务设计出合理的模型结构和合理的学习方法。

1.5.4 对初学者的几点建议

常有初学者问这样的问题：机器学习难吗？答案应该是"Yes or NO"。一方面，机器学习确实很难，有那么多的算法、理论、公式，发展又如此迅速，新方法层出不穷，让人无所适从。另一方面，如果理解了各种算法的发展脉络和内在联系，就会发现绝大部分算法都是顺延着某一主线一脉相承下来的，不同算法之间都有或多或少的关联，如果将这些脉络和关联理清楚，掌握机器学习并不是很难的事情。

特别要注意的是，机器学习是一门科学。既然是科学，就有自己的理论体系和思维方式。对于初学者，应该尽可能理解每种方法的基本思想和基本原理。这一点对年轻人尤为重要：现在有很多开源工具可用，很容易养成拿来主义、不求甚解的坏习惯，这对从事这方面的研究是非常有害的。另一方面，机器学习又是一门实践性很强的科学，理论联系实践非常重要。初学者应多动手实践，在实践中提高自己分析问题和解决问题的能力。最后，要认识到机器学习本身是有局限性的，还有很多问题需要解决。谦虚谨慎地学习，在实践中积累经验，是初学者应有的态度。

1.6 AIDemo 实践系统

本书配套的所有资源都可以从网址 http://aibook.cslt.org 下载,这些资源既包括一些基础阅读材料,也包括一些可动手操作的实践系统,以下称为 AIDemo。AIDemo 中的所有程序都基于 Linux 操作系统,因此你需要一些 Linux 的基础知识;另外,这些程序绝大部分是用 Python 语言编写的,如果你希望对这些程序做较细致的学习,可能需要对 Python 有初步的了解。访问本书的官方网址,可以下载关于 Linux 和 Python 的基础教程。

为了方便读者搭建 AIDemo 实践系统,我们将所有程序及其运行环境打包成一个虚拟机,只要安装这一虚拟机,即可体验这些程序,免去复杂的环境配置过程。我们选择 VirtualBox 虚拟机软件,该软件可免费下载安装,可移植性较好。安装 AIDemo 虚拟机需要主机至少有 4G 内存,最好有 8G、500GB 磁盘空间剩余。AIDemo 中的程序需要主机有网络环境,有声音输入输出设备。

AIDemo 实践系统
环境搭建及人脸
检测实践

本节首先介绍 VirtualBox 和 AIDemo 的安装过程,之后以一个简单的人脸检测系统为例介绍 AIDemo 中程序的运行方法。

1.6.1 AIDemo 环境搭建

(1) 访问 VirtualBox 官网(https://www.virtualbox.org/),选择合适的宿主机类型。对 Windows 用户,应选择 Windows hosts,如图 1-12 所示。下载安装包,进行缺省安装即可,安装步骤如图 1-13 ~ 图 1-17 所示。请注意,如果最新版本的 VirtualBox 安装出现问题,可尝试选择 5.2 版本。

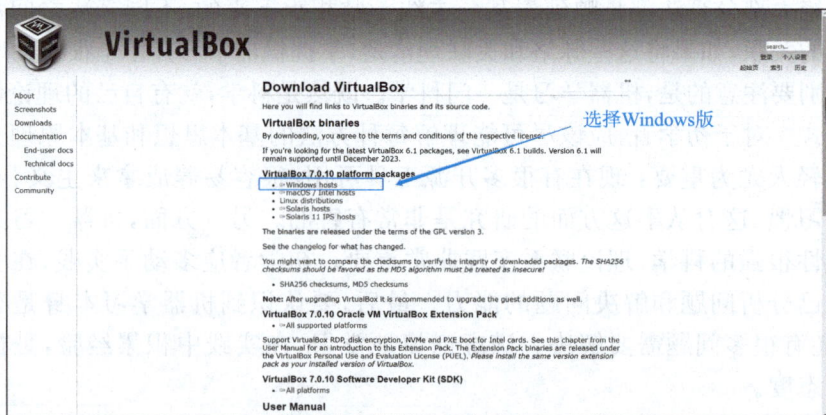

图 1-12 在 VirtualBox 官网下载 Windows 版本的 VirtualBox 程序

图 1-13　VirtualBox 安装启动

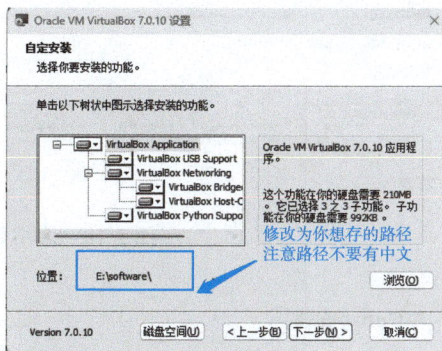

图 1-14　VirtualBox 选择安装路径

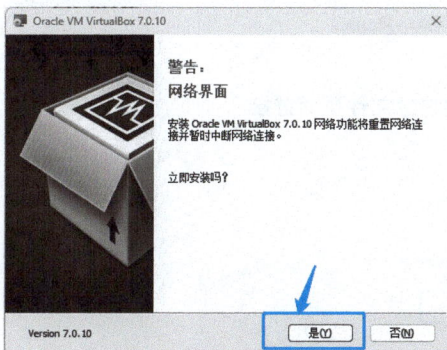

图 1-15　VirtualBox 安装

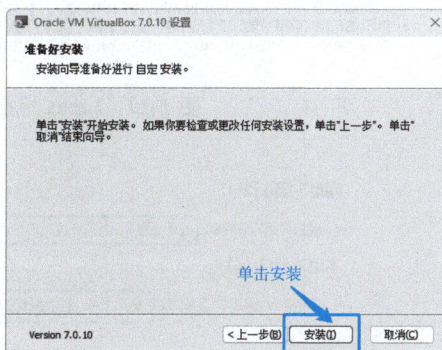

图 1-16　VirtualBox 准备好安装

图 1-17　VirtualBox 安装完成

（2）访问 http://aibook.cslt.org，下载 Linux 虚拟机映像文件（请参考网站提示），如图 1-18～图 1-20 所示。

购买方式

• 天猫、京东、亚马逊等各大网站均有销售。

相关资源

• Linux Shell简易教程：pdf
• Python简易教程：pdf
• AIDemo：为方便读者学习，本书提供AIDemo套件供读者动手探索。为方便大多数读者安装，目前系统采用虚拟机形式。这一安装方式需下载较大10G左右的ova文件，耗时较长。AIDemo page
• 授课课件：本书配套授课ppt资源，供课堂讲授。[link]
• 清华大学语音语言中心：http://cslt.riit.tsinghua.edu.cn

作者

图 1-18　本书网站的 AIDemo 链接

AIDemo安装

AIDemo系统以虚拟机形式安装，因此需要安装虚拟机软件VirtualBox，然后将delivery的虚拟机文件load到VirtualBox中。具体步骤如下：

• 安装VirtualBox 5.2版
  ◦ https://www.virtualbox.org/wiki/Downloads
• 从如下网页Download AIDemo
  ◦ http://aibook.cslt.org/aidemo/ova.html
• VirtualBox的菜单中选择"管理-导入虚拟电脑..."，将下载的.ova文件导入VirtualBox
• 在VirtualBox中右键点击centos7，选择运行，即可开启虚拟机

图 1-19　Linux 虚拟机的映像文件页面链接

网盘下载(优选)

• 腾讯微云 下载地址：点击下载[2019/04/02 10G .ova]

本地下载(备选)

单击任意一个下载

• 清华大学@CSLT 下载地址：点击下载[2019/04/02 10G .ova]

图 1-20　Linux 虚拟机映像文件下载

（3）虚拟机映像 .ova 文件下载完毕后加载到 VirtualBox，如图 1-21～图 1-25 所示。

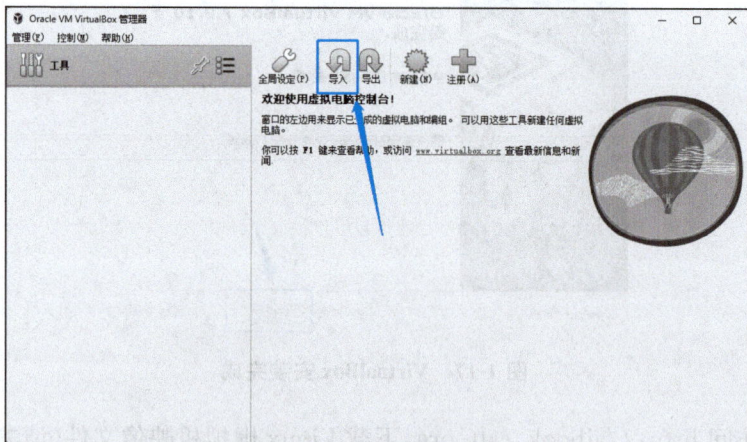

图 1-21　单击"导入"按钮

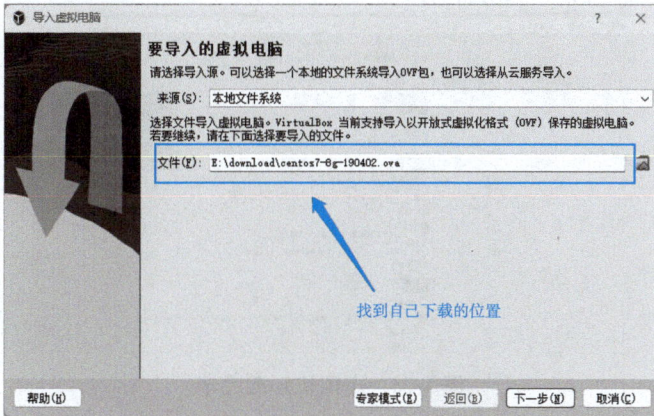

图 1-22　选择要导入的文件

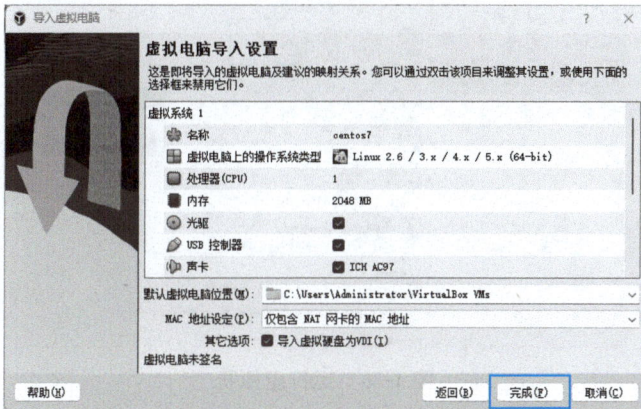

图 1-23　确认虚拟机位置后单击"完成"按钮

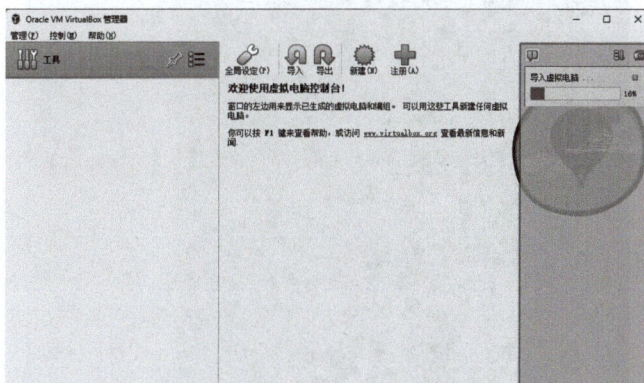

图 1-24　加载虚拟机进度显示

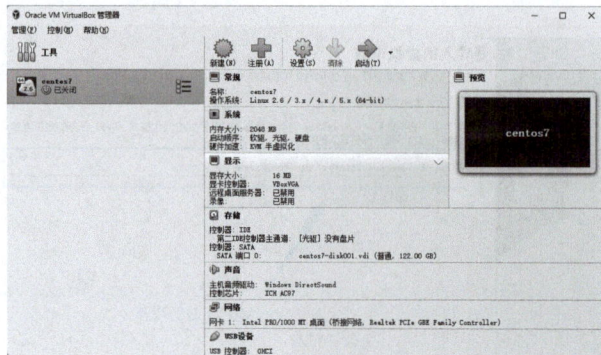

图 1-25　虚拟机加载完毕

（4）运行虚拟机并登录（默认密码为 123456），如图 1-26 和图 1-27 所示。

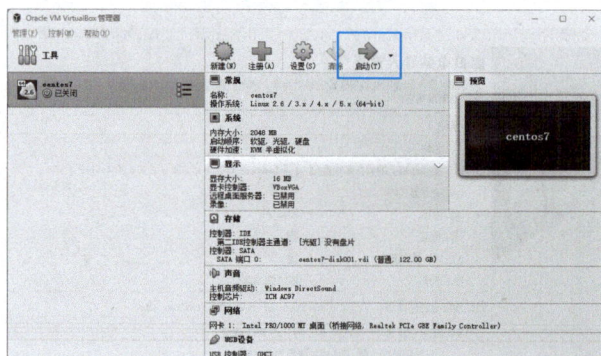

图 1-26　运行虚拟机

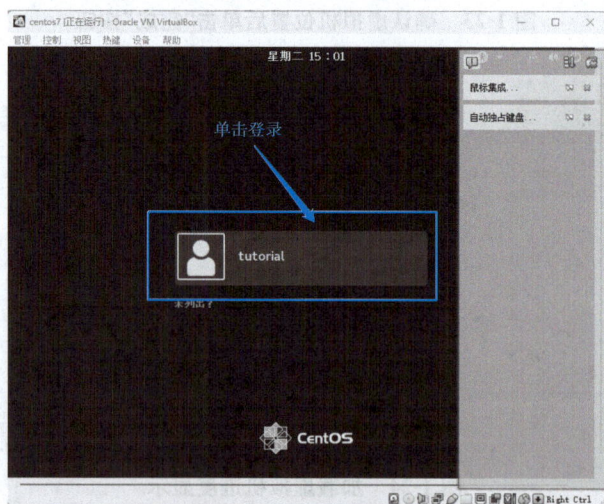

图 1-27　登录虚拟机

1.6.2　AIDemo 实践基础

如果 AIDemo 虚拟机已经安装完成，且已经掌握了 Linux 和 Python 的基础知识，就可以开始体验一个简单的人工智能系统了。首先以用户 tutorial 登录 AIDemo 虚拟机，可以看到桌面上有一个主文件夹，鼠标双击该文件夹进入 aibook→demo，即可看到若干子文件夹，如图 1-28 所示。

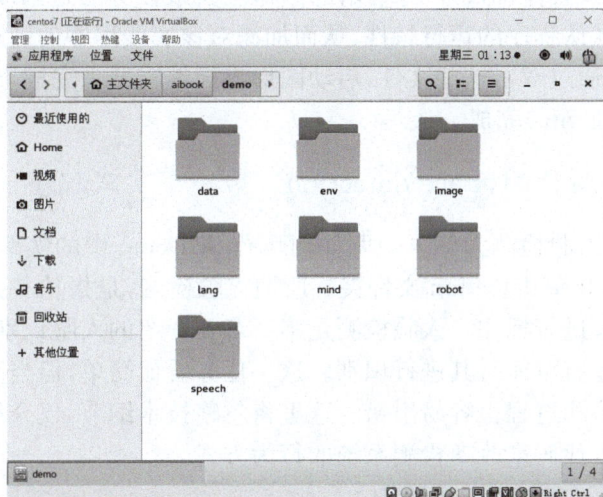

图 1-28　查看 AIDemo 目录

这些文件夹的内容如下。
- data：存储 AIDemo 实践系统所需的数据资源。
- env：存储 AIDemo 实践系统所使用的 Python 运行环境。
- image：图像处理实践程序。
- lang：自然语言处理实践程序。
- mind：思维学习实践程序。
- robot：机器人实践程序。
- speech：语音处理实践程序。

打开 image 或 speech 等文件夹，可以看到每个文件夹有若干子文件夹，每个子文件夹对应一个实践程序。打开某一个实践程序，可以看到该文件夹下包括一个 code 子文件夹和一个 doc 子文件夹，前者保存了该实践程序的源代码，后者保存了该实践程序的说明文档。AIDemo 中的很多实践程序是从免费代码库 github 上下载后重新整理而成的，通常将从 github 上直接下载的代码放到一个 org 子文件夹中。

认真阅读 doc 子文件夹中的说明文档，可以了解运行相应该实践程序的具体步骤。对大多数实践程序,code 子文件夹中的 run. sh 文件是主程序入口,运行该文件即可启动该实践程序的默认运行过程。这一运行过程需要在命令行窗口中执行。在 AIDemo 虚拟机的桌面上右击,选择"打开终端",进入相应实践程序的文件夹,再进入 code 子文件夹,通过运行下述命令启动主程序:

```
sh run. sh
```

绝大多数实践程序都设计了实践任务,这些实践任务通过修改 run. sh 或其它配置文件,改变默认程序的运行特性,从而加深对该实践程序的理解。修改 run. sh 或配置文件可以通过双击这些文件,启动图形界面编辑器来完成,也可以通过更复杂的编辑工具(如 vim)完成。

1.6.3　人脸检测(Face-detection):第一个实践程序

本小节选择人脸检测为例来说明如何运行 AIDemo 中的实践程序,该实践程序保存在 image/face-detection 文件夹。所谓人脸检测,是指从一张照片中将人脸找出来,并用方框进行标注。人脸检测是第 2 章要介绍的人脸识别技术的基础,只有把人脸找到,才有可能对其进行识别。这一任务看似简单,但当图片中包含的场景比较复杂时,检测过程很容易出错。这里将忽略技术细节,仅介绍如何启动实践系统,并通过修改代码来改变检测系统的行为方式。

1. 查看示例程序的文件夹结构

(1) 在 AIDemo 虚拟机桌面上右击,选择"打开终端",如图 1-29 所示。

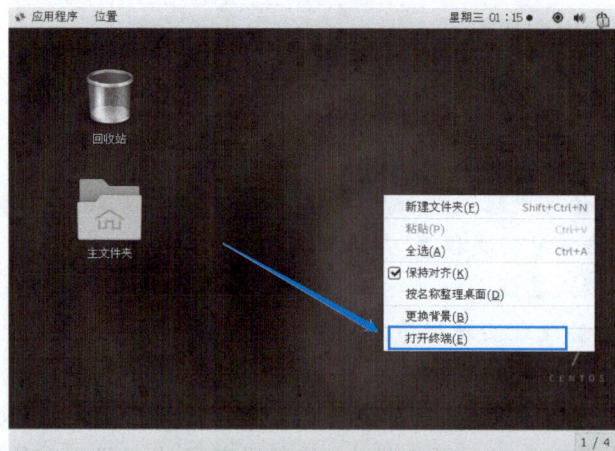

图 1-29　选择"打开终端"

(2) 用 linux 命令进入 face-detection 文件夹,如图 1-30 所示,查看文件夹内容。

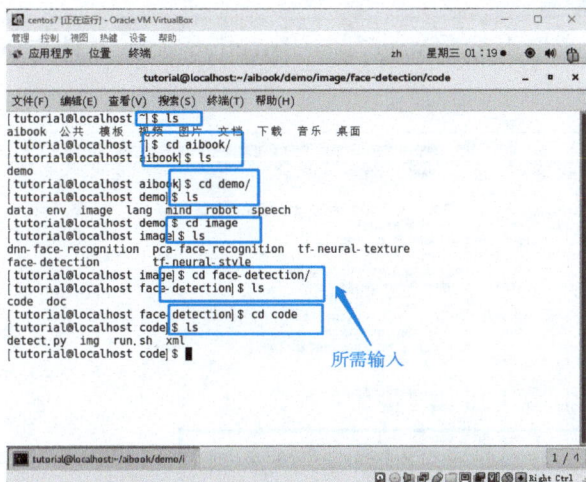

图 1-30　查看 face-detection 文件夹内容

（3）打开主检测程序 detect.py，理解代码逻辑，如图 1-31 所示。

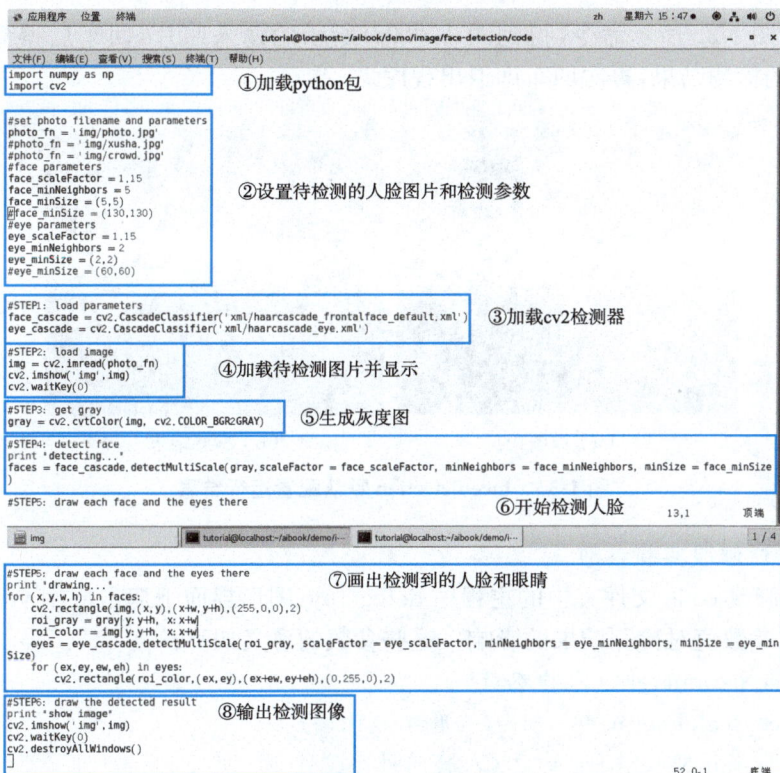

图 1-31　主检测程序 detect.py 的代码逻辑

2. 运行默认配置

在/home/aibook/demo/image/face-detection/code 文件夹下执行 run. sh，如图 1-32 所示。

图 1-32　运行人脸检测默认配置

运行图 1-32 所示命令，得到图 1-33(a)所示的输入照片，回车后得到图 1-33(b)所示的检测结果，再次回车即退出程序。

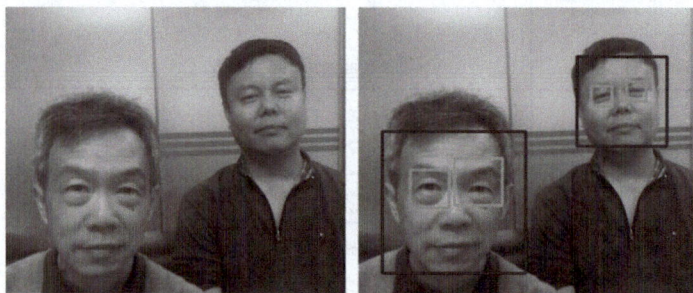

（a）原图　　　　　　　　（b）检测结果

图 1-33　face-detection 默认配置运行结果

3. 尝试修改实验参数

（1）修改 code 文件夹中的主程序 detect. py（图形界面下双击或用 vim 命令），观察不同参数值对检测结果的影响。这些参数的意义如下：

#face parameters（人脸参数）

face_scaleFactor = 1.15（人脸缩放比例）

face_minNeighbors = 4（人脸间最小值）

face_minSize = (5,5)（人脸最小尺寸）

#eye parameters（眼睛参数）

eye_scaleFactor = 1.15（眼睛缩放比例）

eye_minNeighbors = 2（眼睛间最小值）

eye_minSize =（2,2）（眼睛最小尺寸）

（2）首先尝试增加人脸的最小值，设置 face_minSize=（130,130），如图 1-34 所示。

图 1-34　修改参数 face_minSize 为（130,130）

（3）将改动保存之后，重新运行 run. sh，运行结果如图 1-35 所示。可以看到，因为后面的人脸没有达到最小尺寸，因此没有被检测出来。

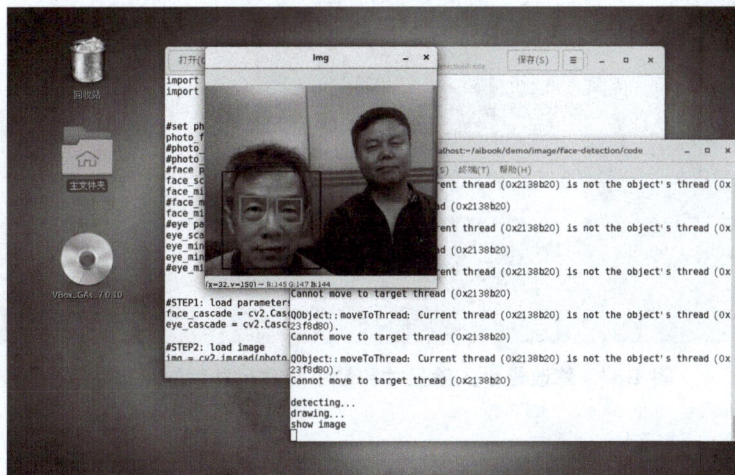

图 1-35　修改最小人脸尺寸后的运行结果

（4）在此基础上再次修改 detect.py，将眼睛的最小尺寸增大，设置 eye_minSize＝(60,60)，如图 1-36 所示。

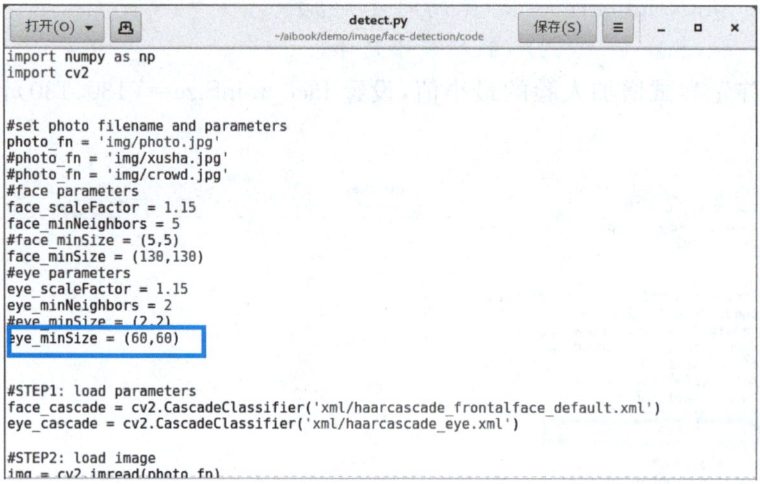

```
打开(O) ▼   🗄                detect.py              保存(S)  ≡   _  □  ✕
                      ~/aibook/demo/image/face-detection/code
import numpy as np
import cv2

#set photo filename and parameters
photo_fn = 'img/photo.jpg'
#photo_fn = 'img/xusha.jpg'
#photo_fn = 'img/crowd.jpg'
#face parameters
face_scaleFactor = 1.15
face_minNeighbors = 5
#face_minSize = (5,5)
face_minSize = (130,130)
#eye parameters
eye_scaleFactor = 1.15
eye_minNeighbors = 2
#eye_minSize = (2,2)
eye_minSize = (60,60)

#STEP1: load parameters
face_cascade = cv2.CascadeClassifier('xml/haarcascade_frontalface_default.xml')
eye_cascade = cv2.CascadeClassifier('xml/haarcascade_eye.xml')

#STEP2: load image
img = cv2.imread(photo_fn)
```

图 1-36　修改参数 eye_minSize 为(60,60)

（5）将改动保存之后，重新运行 run.sh，结果如图 1-37 所示。可以看到，由于前面人脸的眼睛大小达不到最小值(60,60)，因此没有被检测出来。

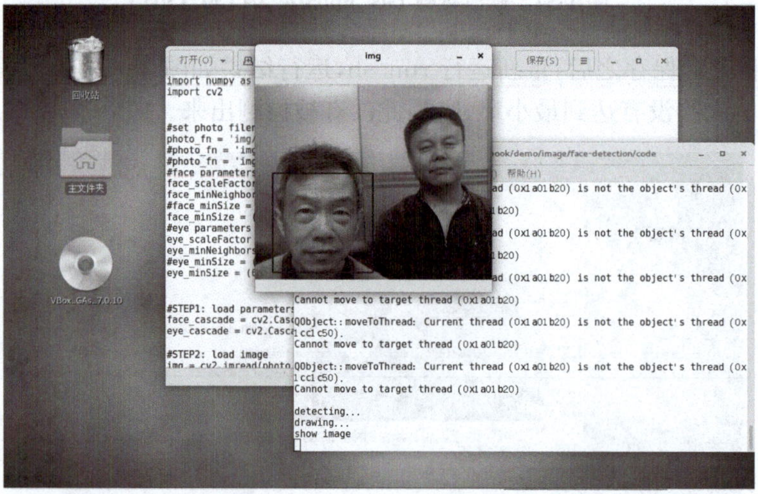

图 1-37　修改最小人脸尺寸和最小眼睛尺寸后的运行结果

4. 更换人脸照片

打开 code 文件夹中的主程序 detect.py，找到变量 photo_fn，这一变量定义了要检测的人脸照片。将变量 photo_fn 修改为 img/xusha.jpg，如图 1-38 所示。

将修改保存后重新运行 run.sh，观察人脸检测的结果，如图 1-39 所示。

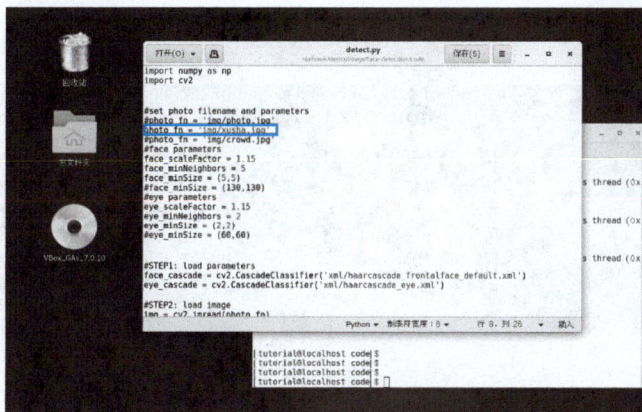

图 1-38　修改检测图片为 xusha.jpg

图 1-39　图片 xusha.jpg 的检测结果

5. 实验多人照片

修改 code 文件夹中的 detect.py 检测的照片（photo_fn）为 img/crowd.jpg，如图 1-40 所示。保存修改后重新运行 run.sh，检测结果如图 1-41 所示。

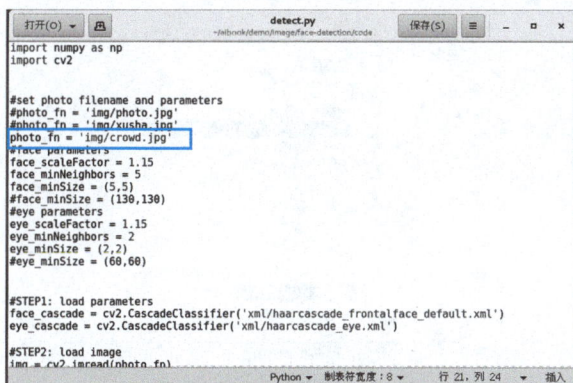

图 1-40　修改检测图片为多人照片

图 1-41 多人照片的检测结果

6. 检测你自己的脸

自拍一张照片并上传到网盘。打开火狐浏览器，如图 1-42 所示。进入网盘并下载自拍照，存储到 code/img 文件夹，如图 1-43 所示。

修改 code 文件夹中的 detect. py 检测的照片（photo_fn）为该文件。假设自拍的照片名为 myown. jpg，则修改方式如图 1-44 所示。

运行 run. sh，对自己的脸进行检测。图 1-45 所示为对三位作者的照片进行人脸检测的结果。

图 1-42 打开火狐浏览器

图 1-43　下载图片到 code/img 文件夹

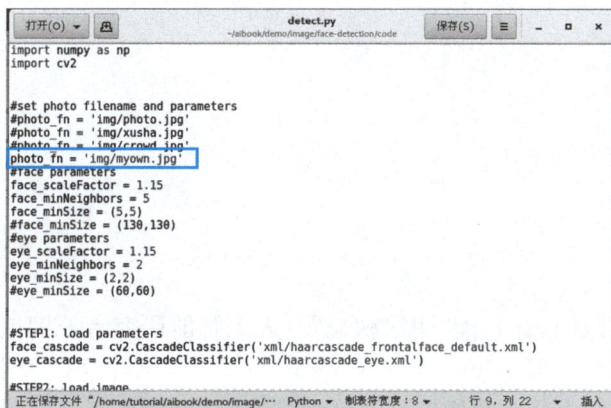

```
import numpy as np
import cv2

#set photo filename and parameters
#photo_fn = 'img/photo.jpg'
#photo_fn = 'img/xusha.jpg'
#photo_fn = 'img/crowd.jpg'
photo_fn = 'img/myown.jpg'
#face parameters
face_scaleFactor = 1.15
face_minNeighbors = 5
face_minSize = (5,5)
#face_minSize = (130,130)
#eye parameters
eye_scaleFactor = 1.15
eye_minNeighbors = 2
eye_minSize = (2,2)
#eye_minSize = (60,60)


#STEP1: load parameters
face_cascade = cv2.CascadeClassifier('xml/haarcascade_frontalface_default.xml')
eye_cascade = cv2.CascadeClassifier('xml/haarcascade_eye.xml')

#STEP2: load image
```

图 1-44　修改检测图片为个人照片

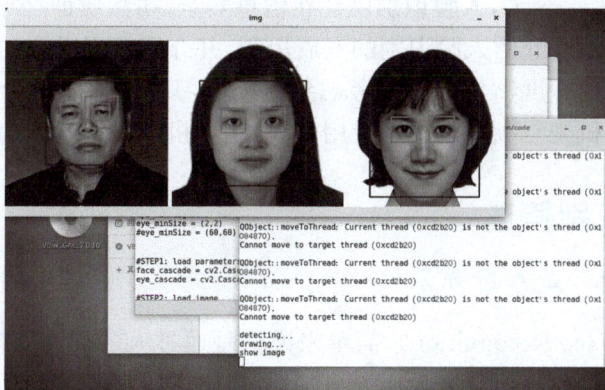

图 1-45　三位作者照片的检测结果

第 2 章　人脸识别

　　给机器装上眼睛,让它能"明察秋毫"是人工智能研究者长期追求的目标,这一任务被称为**计算机视觉**(Computer Vision,CV)。一个计算机视觉系统的工作流程是:首先从摄像头获取图像信号,之后对该图像进行分析处理,最终实现对图像内容的理解。人脸识别是计算机视觉的一个重要应用,也是为数不多的达到实用化程度的 AI 技术。今天,人脸识别已经在信息安全、司法质证、公共安防等领域得到广泛应用。本章将介绍人脸识别的发展历程,并介绍若干重要的人脸识别方法,特别是最近兴起的深度学习方法。考虑到深度学习方法的重要性,我们还将了解这一技术在计算机视觉领域的其他应用,感受当代机器学习技术的强大能力。

2.1　人脸识别概述

2.1.1　什么是人脸识别

　　人脸识别(Face Recognition),简单来说就是通过人的面部照片实现身份认证的技术。这里的照片既可以来源于相机拍照,也可以来源于视频截图;既可以是配合状态下的正面照(如护照像),也可以是非配合状态下的侧面照或远景照(如监控录像)。

人脸识别可细分为两种认证方式,一种是**身份确认**(Verification),一种是**身份辨认**(Identification)。在身份确认中,计算机需要对两张人脸照片进行对比,以判断是否为同一个人。这一认证方式通常用于信息安全领域,如海关身份认证、ATM 刷脸取款等,如图 2-1 所示。在身份辨认中,给定目标人的一张面部照片,计算机需要在一个庞大的照片数据库中进行搜索,找到和给定照片最相近的照片,从而判断出目标人的身份,如图 2-2 所示。这一认证方式一般用于公共安全领域,如刑侦领域的嫌疑人排查。

图 2-1　人脸识别用于身份确认

注:验证人给出身份证信息,机器抓拍一张实时照片,将该照片和身份证上的照片进行对比。如果匹配程度超过一定阈值,即可判断为同一人,验证通过。

图 2-2　人脸识别用于身份辨认

注:给定目标人的一张照片,在数据库中进行搜索,找到相似度最大的一张照片,即可判断目标人的身份。

在实际应用中,可能需要同时用到确认和辨认两种认证方式。例如,在一个公司门禁系统中,对一张待认证的人脸照片,首先需要搜索公司所有员工的照片库,以找到匹配度最大的照片作为身份候选,之后还需要判断这两张照片的匹配度是否超过了预设的阈值,只有超过该阈值,门禁系统才能打开。因此,这一系统同时包含了辨认和确认两种认证方式。

2.1.2 人脸识别系统的基本组成

让我们先来回忆一下,人在识别一个访客身份时采取的基本步骤。首先,通过眼睛把该访客的整体形象印入脑海(图像采集);之后,会从这一整体形象中找到脸的位置(人脸定位);如果位置不正,还会努力调整角度,直到看到正面清晰的人脸(正规化);接下来,会去定位这张脸上的主要特征,比如整体轮廓、双眼间距、鼻子形状等(特征提取);最后,会依据这些特征在脑海中进行对比和搜索,最终从记忆中找到一张匹配度最高的人脸,从而确定访客的身份(模式匹配)。

计算机识别人的身份也需要这样几个步骤:图像采集、数据预处理(包括人脸定位和正规化等)、特征提取、模式匹配。这四个步骤分别由四个独立模块完成,如图 2-3 所示,具体细节如下。

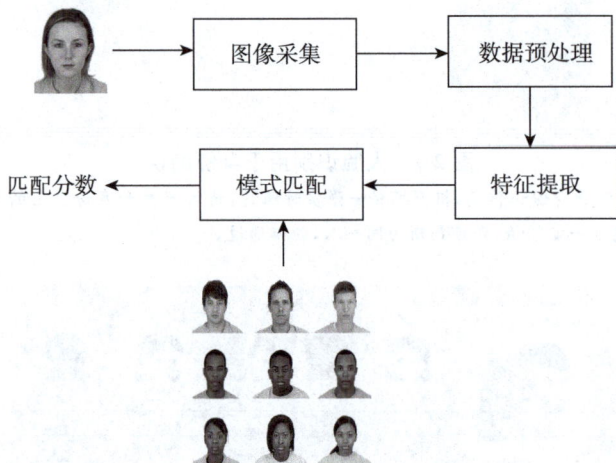

图 2-3 人脸识别系统架构图

注:光学设备采集到人脸图像,预处理模型对该图像进行一系列预处理工作,将处理后的图像送入特征提取模块提取典型人脸特征,最后由模式匹配模块与系统中的预存人脸进行对比,得到匹配分数。

- **图像采集**(Image Capturing):通过光学设备采集包含人面部区域的图像。该设备可能是照相机、高清摄像机、监控摄像头等。
- **数据预处理**(Data Processing):对采集到的图像做先期处理,主要包括人脸定位和正规化。人脸定位是从图片中找到面部区域。正规化是对定位到的人脸图像进行调整,减少光照、位置、姿态等干扰因素的影响。

- **特征提取**(Feature Extraction):从面部图像中提取出对人脸具有较强表达能力和较强区分能力的典型特征。这些特征可能有很多,我们将这些特征用一个向量表示,称为**特征向量**(Feature Vector)。[①] 这些特征可能是面部各部件(如眼、口、鼻等)的局部特征,也可能是轮廓、灰度等整体特征。
- **模式匹配**(Pattern Match):基于特征向量对不同图片进行对比,称为模式匹配。匹配过程会给出一个匹配分数,代表两幅图的相似程度。该匹配分数可以用来完成身份的确认或辨认任务。

2.1.3　人脸识别简史

人脸识别的主要困难在于各种干扰因素的影响,这些干扰因素既包括光学设备本身的差异、不同的光照条件、不同的拍摄角度、装饰与遮挡等外在因素,也包括情绪变动、年龄变化等内在因素。这些干扰因素带来很大的不确定性,使得同一个人的不同照片差异明显。在某些情况下,干扰因素带来的变动甚至可能超过不同人之间的差异。这意味着对比两张照片时,最显著的变化可能不是来自于人与人之间的差异(称为**类间差异**,Between-Class Variation),而是同一人在不同环境和不同状态下的自身差异(称为**类内差异**,Within-Class Variation)。类内差异大于类间差异意味着即使两张照片具有明显的差别,也很难判断这两张照片是否为同一个人。人脸识别几十年的研究历史正是围绕解决这一核心困难展开的。

1. 心理学和神经学研究

人脸识别的早期工作是研究人类如何识别人脸,主要由心理学家和神经科学家完成。布鲁纳(J. S. Bruner)在 1954 年研究了人类个体对其他人(包括人脸)的心理感知过程;塞缪尔在 1992 年也讨论了人类认识人脸的神经机理。哈克斯比(Haxby JV)在 2002 年研究了人在识别人脸及表情时的神经活动,威尔默(Wilmer JB)在 2010 年发现人的"认脸"能力是由基因决定的。总体来说,科学家现在已经知道,大脑的"梭状回"(fusiform gyrus)是负责人脸识别的主要神经区域,而且对越漂亮的人脸,梭状回的激发度越高。具体来说,人眼在接收到人脸信号时,先由视觉神经做一系列预处理工作,再由梭状回进行辨析,找出区分性特征,然后基于这些特征区分不同的人脸。如果人的梭状回先天不发达或后天受损,则可能出现"脸盲症",不仅不认识熟人,连自己都可能不认识了。

[①] **向量**(Vector)可以理解为"数"的扩充,若干个数有序地排列在一起,即得到一个向量,如[1.2,3.56]。与向量相对应,单个数称为**标量**(Scalar)。如果将多个相同长度的向量并排放在一起,则得到一个**矩阵**(Matrix)。向量可以认为是列数为 1 的特殊矩阵。如果将矩阵结构扩展到三维以上,得到的结构称为**张量**(Tensor)。

2. 模式识别阶段(1956—1993 年)

早期人脸识别研究开始于 20 世纪 60 年代末。当时的研究可分为两个主要方向:基于几何特征的识别和基于模板匹配的识别。基于几何特征的识别是寻找脸部各个部件的间距、比例等几何特征,如眼睛和眉毛之间的距离,嘴角和鼻子之间的角度等。基于模板匹配的识别是将人脸看作一张灰度图提取整体特征。Brunelli 在 1993 年发表了一篇文章,对这两种方法进行了对比,发现模板匹配方法性能更好。自此以后,基于几何特征的方法渐渐被淘汰,模板匹配法成为主流。

3. 统计模型阶段(1993—2000 年)

20 世纪 90 年代后,人脸识别进入统计模型时代,最著名的统计模型方法是特征脸方法,由 Turk 等人于 1991 年提出。这一方法的主要思路是将一张人脸图片表示成若干有代表性的特征脸图片的加权和,取每张特征脸图片上的权重系数作为人脸特征。这一特征提取方法简洁高效,直到今天依然是公认的基线方法。特征脸方法启发了后续众多新算法的设计,如 Fisher 脸方法,可以提取比特征脸权重系数更有区分性的特征。2.2 节我们将对特征脸方法做详细介绍。

弹性图匹配(EGM)是统计模型时代的另一种代表性方法。该方法用一个属性图来描述人脸,该图的顶点对应面部的关键点,顶点的属性值为该特征点处的局部特征,顶点间的边表示特征点之间的几何关系(图 2-4)。将人脸表示为属性图后,人脸识别即转化为属性图间的匹配问题。在匹配过程中,两幅图之间的关键点是一一对应的,因此可部分解决姿态、拍摄方向等干扰因素的影响。

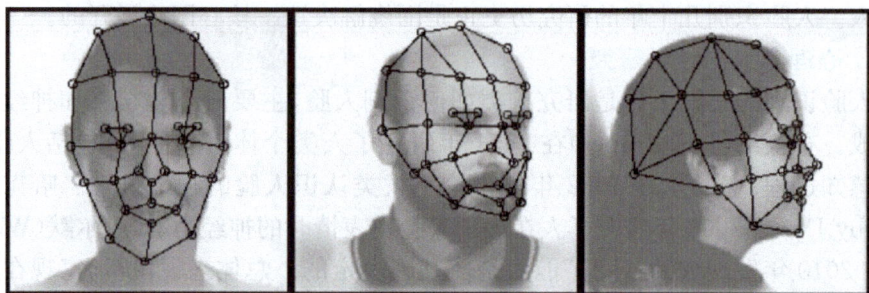

图 2-4　弹性图匹配(EGM)方法将人脸表示成一幅弹性图

注:图中每个点代表面部的一个关键点(如眼睛、鼻子等),各个点互相连接形成一幅弹性图。基于弹性图,即使是不同姿势的人脸也可以实现合理的匹配。

统计模型时代的另一个代表成果是 3D 变形模型的应用,由 Blanz 和 Vetter 等在 1999 年提出。该方法通过 3D 扫描生成人脸 3D 模型(包括轮廓坐标和纹理),基于图形学方法可以由该 3D 模型生成人脸的平面 2D 照片。反过来,对一张 2D 照片,可以通过调整 3D 模型的参数(如位置、光照等),使得该模型生成的照片与该 2D 照片误差最小。这事实上实现了由 2D 照片到 3D 人脸的映射(图 2-5)。基于这一映射,可以将照片中人脸特征和拍摄位置、光照等干扰因素有效分离,从而极大提高人脸识别的准确度。

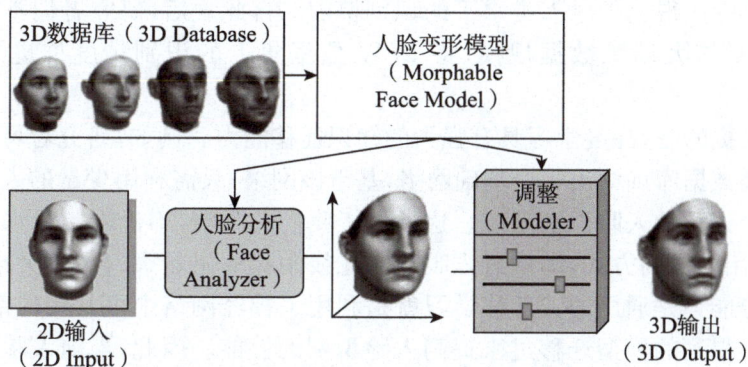

图 2-5　人脸 3D 变形模型

注:3D 数据库通过激光扫描真实人脸生成。这一数据库可以用来生成一个人脸变形模型。对一张 2D 输入照片,基于该人脸形变模型将该照片映射为 3D 人脸,再对外形和纹理进行调整,得到匹配度较好的 3D 人脸输出。

这一时期,美国军方组织了著名的 FERET 人脸识别测试,分别在 1994 年、1995 年、1996 年组织了 3 次评测,极大地促进了人脸识别算法的改进,并引导研究者关注真实场景下的人脸识别任务。

4. 机器学习阶段(2000—2014 年)

21 世纪的前十年,研究者开始关注真实场景下的人脸识别问题,基于大数据的机器学习模型开始受到重视,基于视频的人脸识别开始发展。

这一时期,基于局部描述的 Gabor 特征和 LBP 特征成为主流特征。2009 年以后,稀疏编码(Sparse Coding)成为研究热点,其抗噪性较 Gabor 和 LBP 等特征有显著提高。这一时期,以核方法为代表的非线性模式匹配方法开始流行,特别是支持向量基(SVM)开始得到广泛应用,极大地提高了模式匹配的精度。

2007 年,免费开放的 LFW 人脸识别数据库开始流行。该数据库包括来自因特网的 5749 人的 13 233 张人脸图像,其中的 1680 人有两张或两张以上的图像。和以前的测试集不同,LFW 的照片从互联网得到,在拍摄设备、条件、姿势等方面没有任何限制。自 LFW 发布以来,该数据集已成为验证人脸识别性能的标准测试集。

5. 深度学习阶段(2014—2018 年)

2014 年以来,深度学习技术大放异彩,成为人脸识别的主流技术。在 2014 年的 CVPR[①] 大会上,Facebook 发布了 DeepFace 技术,将大数据(400 万人脸数据)

---

① IEEE Conference on Computer Vision and Pattern Recognition(CVPR),是由 IEEE 举办的计算机视觉和模式识别领域的顶级会议。

与深度卷积网络相结合,在 LFW 数据集上取得了逼近人类的识别精度。同一时期,香港中文大学提出名为 DeepID 的深度网络结构,采用 20 万训练数据,在 LFW 数据集上第一次得到超过人类水平的识别精度。自此之后,研究者们不断改进网络结构,同时扩大训练数据规模,将 LFW 数据集上的识别精度推进到 99.5% 以上。

值得一提的是,深度学习具有强大的知识迁移能力。例如,研究者可以基于一个目标分类数据库训练出一个基础网络,基于该网络,只需利用少量的人脸数据即可得到一个强大的人脸识别系统。这类似于我们的眼睛,不论看山看水还是看人脸,都需要用同样的方式,即从进入眼睛的光线中提取出轮廓、色彩、大小等特征,因此这部分能力是通用的。迁移学习就是利用了神经网络中可共用的部分,将在其他任务上得到的模型迁移过来提高人脸识别的性能。因此,当前人脸识别的进步事实上是在机器视觉整体迅猛发展的大背景下取得的。这种在不同任务间互相借鉴的学习方式在深度学习之前是不可想象的。

2.2　基于特征脸的人脸识别

一个人脸识别系统在识别过程中主要包括两个步骤:特征提取和模式匹配。特征提取用于找出人脸中比较突出的特征,组成特征向量[①];模式匹配基于提取得到的特征向量对两张人脸照片进行对比,并计算匹配度。**特征脸**(Eigen Face)方法本质上是一种基于**主成分分析**(Principle Component Analysis,PCA)的特征提取方法。首先了解主成分分析,然后了解基于**支持向量机**(Support Vector Machine,SVM)的模式匹配方法。

2.2.1　主成分分析

特征提取是从原始图像中提取出典型特征的过程。计算机"看"一幅图片时,看到的仅是一个个排列成矩形的像素(感光的最小单位),当前的主流相机有 500 万像素以上,意味着一张图片中包含约 500 万个像素点。从这 500 万个点中判断出该图片是谁的脸,显然是非常困难的。这类似于把一张人脸照片贴在眼前,我们能看到的只是一个个色块儿,无法判断这张图的全貌,更别说识别这张照片是哪个人了。因此,为了完成人脸识别任务,我们必须从这 500 万像素中抽取出一些特征,使得计算机可以更有效地掌握这张图中包含的信息。这类似于把照片从我们

---

① 特征提取可以简单理解为观察量的选择。例如看到一条狗,我们观测到它的形态、毛色、脸部形状、有无尾巴、叫声、气味、是否吃东西、是否会跑等。这样的观察量可以有很多,但只有少部分是狗的特有属性,如形态、脸部形状、叫声等。这些能显著代表某一事物的观察量称为该类事物的"特征",从原始观察量中找到这些特征的过程称为"特征提取"。

眼前移开,放在稍远的位置,从而可以跳出一个个像素的局限,得到由像素集体所表达的内容。这一过程即是特征提取的过程。

前面说过,人脸识别研究者最初是通过人脸上的眼、鼻、口等部件及其相互位置关系来提取特征的,但这种特征是局部的,对人脸的整体形状描述并不好。20 世纪 90 年代后,研究发现将人脸图片作为一个整体进行分析,提取整体特征会更好。其中最成功的一种方法是将一张人脸照片近似表示成若干典型人脸照片的加权和,如图 2-6 所示。从图中可以看到,这些典型人脸照片并不是真正的人脸照片,而是代表了某一方面人脸特性的"特征照片",只有将这些特征照片按一定权重加起来(称为加权和,见图 2-6 的说明文字)才能组成一张真正的人脸照片。这些"特征照片"称为**特征脸**。有了特征脸以后,每张照片都可以表示为特征脸的加权和,因此这些在特征脸上的权重即代表了原始人脸的照片。换句话说,我们找到了一种特征提取方法,将一张像素超过 500 万的照片表示成了特征脸集合上的权重。因为特征脸集合的规模很小(一般在 100 以下),提取出的特征向量相应也只有几十维,因此极大地简化了对人脸的表达;同时,因为每张特征脸都代表了人脸的某一方面的典型特性,所以这些特征脸的权重对人脸有更好的描述能力。

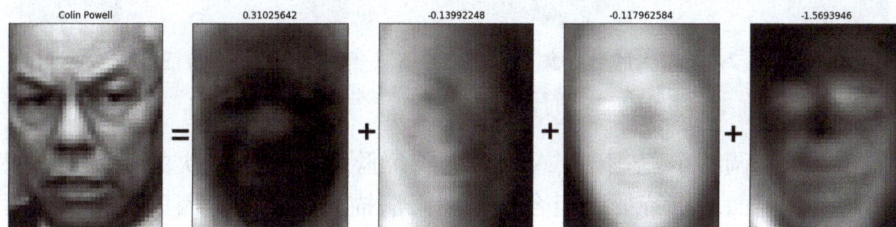

图 2-6　特征脸方法是将一张人脸照片近似为典型人脸的加权和

注:这些典型人脸称为特征脸。这一加权和可表示为"人脸照片≈特征脸 1 的权重×特征脸 1＋特征脸 2 的权重×特征脸 2……"。对任何一张人脸照片,将其分解为特征脸加权和后,所有权重构成了对该人脸照片的简洁表达,即是特征脸方法所提取的特征向量。

现在的问题是:如何得到这些特征脸呢? 从图 2-6 的近似过程可知,我们希望这些特征脸应该能通过加权和的方法对一个数据集中的所有人脸进行近似,而且近似程度越高越好。为此,我们采用一种分步近似的方法:首先找到一张特征脸,记为 V_1,让他尽可能地近似所有人脸;然后在所有人脸中减去基于 V_1 的近似,即得到 V_1 近似后的余量,或称为"残差"(注意:该残差也是一张图片);再找到一张特征脸,让它尽可能地近似所有残差图片,得到 V_2;依此类推,每次用一张新的特征脸来近似前面所有特征脸近似后的残差,从而使近似程度越来越高。上述分步近似法在机器学习中称为**主成分分析**,每次得到的特征脸在 PCA 中称为一个**主成分**(Principle Component,PC)。对一张照片进行近似时,每个特征脸上的权重事实上是该照片在相应主成分上的投影大小。因此也可以说,特征脸方法是 PCA 在人脸数据上的应用,基于该方法得到的特征(即各特征脸上的权重)也称为 **PCA 特征**(PCA Feature)。图 2-7 给出了一个基于 LFW 数据集训练的 PCA 模型中前 12 个主成分对应的特征脸。可以看到,不同特征脸代表了人脸图片的不同典型特征。

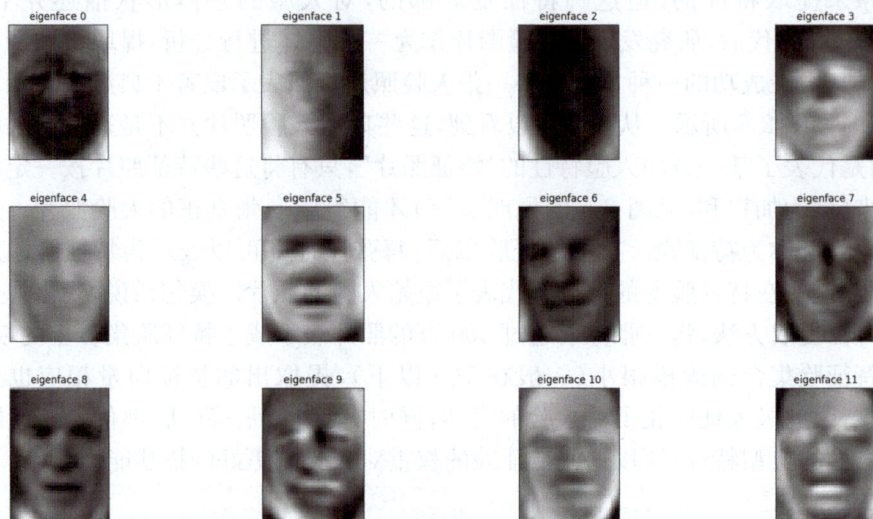

图 2-7   由人脸数据集 LFW 训练 PCA 得到的前 12 幅特征脸

注:每一幅特征脸对应该 PCA 模型的一个主成分。

需要再次强调的是,基于 PCA 得到的特征脸不是同一层次的,每张新的特征脸描述的都是前面所有特征脸组合后仍然无法描述的残差。因此,越是后面得到的特征脸所描述的信息越细致。基于这一特性,图 2-6 所示的人脸近似过程可以理解为一个素描过程。在画一幅素描时,画家通常先画一个人脸的基本轮廓和基本部件,这相当于按权重画出第一张特征脸 V_1,之后对眼、鼻等主要部件进行细致描绘,相当于按权重画出第二张特征脸 V_2,接着对头发、眉毛、嘴角等更细微的部分细描,相当于按权重画出第三张特征脸 V_3,⋯⋯如此迭代求精,最后即可得到一幅完整的人脸素描像。图 2-8 给出了这一素描的过程,从第一张特征脸开始,逐次加入其他特征脸,渐渐生成脸部细节。

基于 PCA 的特征提取方法简单、高效,只需对数据集中的所有人脸图片进行统计分析即可得到特征脸,不需要任何标注信息,因此属于第 1 章提到的非监督学习。另一方面,PCA 也具有很大的局限性。首先,PCA 在提取人脸特征时并没有考虑特征对不同人的区分性。第二,用加权和这种简单的方法对人脸图片作近似会缺少足够的精度。第三,PCA 提取出的特征脸是全局的,不关注眼睛、鼻子等部件的局部特性,提取的信息细节性不足。尽管存在这些局限,基于 PCA 的特征提取方法依然被广泛采用,特别是和较强大的分类器结合使用时,可构造出非常好的人脸识别系统。2.2.2 小节我们介绍的 SVM 模型就是这样一种分类器。

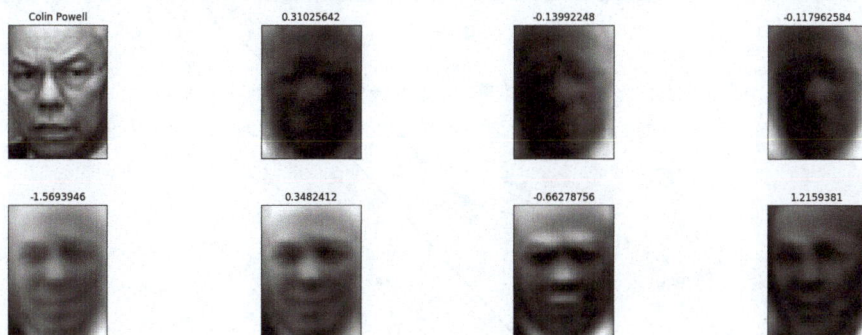

图 2-8 基于特征脸生成人脸的"素描"过程

注：左上角第一张图是原图，其余图片是依次加入第一特征脸、第二特征脸……之后的近似结果。从图中可看到，加入的特征脸越多，细节显现得越明显。

2.2.2 支持向量机

机器学习中，对数据所属类别进行区分称为**分类**（Classification）。例如，对人脸照片的性别进行区分，对动物照片中的动物种类进行区分，对音乐的类型进行区分等，都是分类任务。完成分类任务的机器学习模型一般称为**分类器**（Classifier）。利用分类器可以实现人脸特征匹配：为每个人设计一个分类器，可以将任一幅照片分为"本人"和"非本人"，即可实现身份确认功能；如果该分类器将所有照片分为 $N+1$ 类，其中 N 为候选人个数，多出的 1 类为"其他人"，即可实现身份辨认功能。

机器学习领域有很多种分类器，**支持向量机**是应用最广泛、性能最稳定、分类能力最强大的分类器之一。SVM 由 Cortes 和 Vapnik 在 1995 年提出，随后迅速成为主流分类方法，在众多分类任务中表现出优异性能。本小节仅介绍最基本的 SVM 模型，有兴趣的读者可以参考相关文献获得关于 SVM 的更多知识。

我们以二分类问题来讨论 SVM 的基本概念。考虑两类数据 C_1 和 C_2，并假设这两类数据线性可分，即可通过一条直线实现对这两类数据的精确划分（图 2-9）。对这类问题，我们可以找到多个分类面对 C_1 和 C_2 进行完美划分，但希望得到具有最大边界属性的分类面 L。具体而言，首先找到 C_1 和 C_2 两类数据样本中距离 L 最近的样本集合 $S(C_1)$ 和 $S(C_2)$，这两个样本集称为**支持向量集**（Support Vector Set）。每个支持向量集中的样本到分类面 L 的距离都是相等的，因此，形成两条类边界线，如图 2-9 中两条平行虚线所示。这两条类边界线间的距离称为**边界**（Margin）。我们希望找到这样的分类面 L，使得基于 L 得到的边界最大，这一分类面称为**最大边界分类面**（Max Margin Hyper Plane），相应的分类器即为支持向量机（SVM）。SVM 模型中的支持向量、边界、分类面等概念如图 2-9 所示。

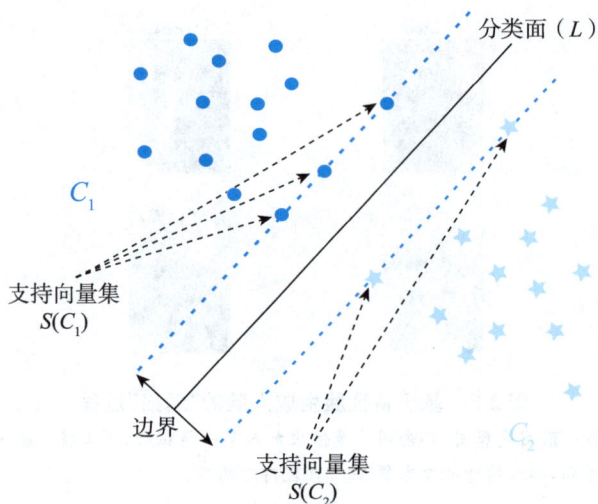

图 2-9　支持向量机模型

注：红色虚线上的点为支持向量（Support Vector），两条红色虚线间的距离为基于当前分类面的边界。基于支持向量机模型得到的分类面是所有分类面中边界最大的。

　　需要说明的是，SVM 中的分类面只与支持向量有关，而支持向量是分类任务中最容易被分错的数据（因为离分类面最近），这意味 SVM 特别关注易混淆数据，这对分类任务非常重要。另外，SVM 的分类面是直线或平面，这种模型称为**线性分类模型**（Linear Classification Model）。线性分类模型在训练时可得到全局最优解，这是 SVM 相比其他分类模型的一个显著优点。最后，SVM 虽然是一个线性分类模型，但可以通过映射实现非常灵活的非线性分类（即分类面不是直线或平面的分类）。如图 2-10 所示，在原始空间中圆圈和方块两类数据原本无法用一条直线区分开，但可以将这些数据通过一个**映射函数**（Projection Function）映射到高维空间，在该空间中构造一个线性的 SVM 分类器。从图 2-10 中可以看到，该 SVM 在高维空间中的线性分类面（图中平面）对应到原始数据空间是一条封闭曲线，这表明基于映射机制，SVM 可以很容易地实现对数据的非线性分类。事实上，SVM 一般通过一种称为**核函数**（Kernel Function）的机制实现上述映射过程。核函数通过描述在映射空间中数据之间的距离来隐式定义映射函数，可实现非常复杂的映射，甚至可以将数据映射到无限维空间，从而极大地提高 SVM 的建模能力。

　　将 SVM 应用于人脸识别任务时，首先用 PCA 提取特征，再将这些特征送入 SVM 分类器即可完成识别。需要注意的一点是，SVM 方法本质上是二分类的，适合一对一的确认任务（为每个人训练一个 SVM，分类目标是“本人”和“非本人”两类），不能直接用于多分类的辨认任务。为解决这一困难，可以基于身份确认的

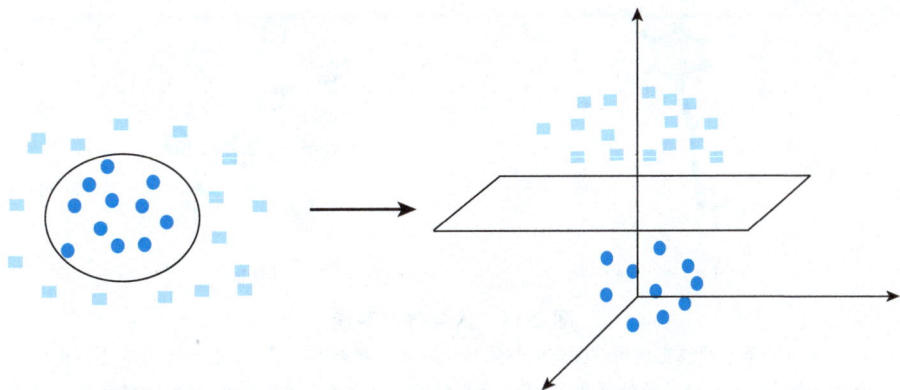

图 2-10　基于函数映射的 SVM 非线性分类

注：在映射空间中的 SVM 得到的线性分类面对应到原始数据空间是一条封闭曲线。这说明通过函数映射，SVM 可实现复杂的非线性分类。

SVM 模型，让每个 SVM 给出一个确认分数，选择确认分数最大的候选人作为辨认的结果。

需要说明的是，PCA 特征可后接任何分类模型，并不限于 SVM；另一方面，SVM 作为分类器，也可以接受任何特征，包括早期的局部几何特征和后来的描述子特征（如 LBP 等）。PCA 特征与 SVM 分类模型确实是非常有效的组合，被广泛用作人脸识别研究的基线系统。

2.3　基于深度学习的人脸识别

2014 年以来，基于深度学习的人脸识别方法取得了巨大成功，已经将人脸识别性能提高到接近人类的水平，并走向实用。本节将探讨深度学习的奥秘所在。为此，需要从神经网络讲起。

2.3.1　神经网络的故事

19 世纪 40 年代，受人类神经系统的启发，研究者提出了**人工神经网络模型**（Artificial Neural Network，ANN）。当时科学家们已经知道人脑由众多神经元构成，单个神经元的结构基本相同，如图 2-11 所示。神经元之间通过树突和轴突结构互相连接，形成复杂的连接结构。正是这些复杂的连接实现了人类的记忆、推理等复杂功能。这说明在人类神经系统中，各种信息和知识表现在连接结构上，而非神经元本身。图 2-12 给出了婴幼儿智力发育过程中神经元连接的情况，可以看出随着智力发育，神经元的连接不仅数量上更多，规则性也更强。

（a）　　　　　　　　　　　　　（b）

图 2-11　人类神经系统

注：（a）单个神经元结构，包括细胞体，树突和轴突等结构。（b）每个神经元通过树突接受上一个神经元传递的神经信息，并通过轴突向下一个神经元继续传递，形成神经网络。图片来自免费图片库 Vecteezy。

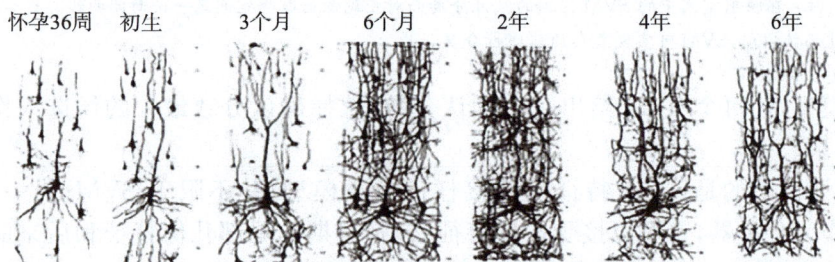

怀孕36周　初生　　　3个月　　　6个月　　　2年　　　　4年　　　　6年

图 2-12　婴幼儿神经元网络的发展

注：可以看到，随着智力的发育，神经元之间的连接越来越多。当发展到一定程度后，连接开始减少，但规则性更强。这说明人类智力表现为神经元间的连接，更高级的智力需要更复杂的连接，不仅表现为连接的数量，也表现为连接的质量。图片来自 BioNinjia 网站。

受人类神经元启发，沃伦·麦卡洛克（Warren McCulloch）和沃尔特·皮兹（Walter Pitts）于 1943 年提出了一个人工神经元模型，称为 McCulloch-Pitts 模型，如图 2-13 所示。这一模型描述了一个独立神经元的工作方式：从外界得到若干输入 $(x_1, x_2, \cdots, x_n)$，分别乘以权重 $(w_1, w_2, \cdots, w_n)$ 后相加，再经过一个阶跃函数 f_θ 后输出 y。

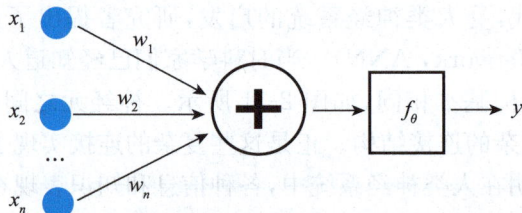

图 2-13　McCulloch-Pitts 人工神经元模型

注：该模型接收输入 $(x_1, \cdots, x_n)$，计算加权和 $\sum\limits_{i=1}^{n} w_i x_i$，经函数 f_θ 输出 y。

1958 年,康奈尔大学的弗兰克·罗森布拉特(Frank Rosenblatt)在 McCulloch-Pitts 模型基础上设计了感知器(Perceptron)模型,如图 2-14 所示。和 McCulloch-Pitts 模型不同的是,感知器模型的权重($w_1, w_2, \cdots, w_3$)可以基于数据进行学习,这给人们带来了极大的期待。纽约时报曾报道说"感知器将孕育出能走会看,能说会写,能自我复制,并具有自我存在感的计算机"。然而,人们很快发现这一模型无法处理线性不可分问题。马文·明斯基(Marvin Minsky)和西蒙·派珀特(Seymour Papert)于 1969 年发表了《感知器》一书,指出感知器模型甚至无法学习简单的异或函数,这沉重打击了人们对神经网络的热情。尽管三年后 Stephen Grossberg 指出多层感知器可以学习异或函数和其他复杂分类问题[①],神经网络的研究依然陷入谷底。

图 2-14　Frank Rosenblatt 和他的 Mark I 感知器

注:Mark I 是一台用传感器实现的感知器模型,用来识别简单的字符和图形。来源:Arvin Calspan, Advanced Technology Center; Hecht-Nielsen, R. Neurocomputing (Reading, Mass.: Addison-Wesley, 1990).

1975 年,Werbos 提出了 BP 算法,有效解决了多层感知器模型的训练问题。1986 年,Rumelhart、Hinton、Williams 等人通过实验发现利用 BP 算法可以在多层

---

① 异或函数:逻辑运算的一种,常用 XOR 表示。该函数计算为 XOR(0,0)=X(1,1)=1;XOR(0,1)=X(1,0)=0。

感知器的隐藏层学习到有意义的模式。这些成果促进了神经网络在整个 80 年代和 90 年代初的繁荣。研究者打破了传统多层感知器模型的结构限制,提出了一系列新模型,包括卷积神经网络(CNN)、递归神经网络(RNN)等,并总结了各种训练技巧。

然而,神经网络作为一个复杂的非线性模型,很难通过训练得到一个全局最优模型。这种局部优化特性是神经模型的天然缺陷。因此,当 Cortes 和 Vapnik 在 1995 年提出支持向量机模型后,人们对神经网络的热情迅速降温,转而支持 SVM。从此以后,神经网络研究经历了近十年的沉寂,直到 2006 年 Geoffrey Hinton 等人提出深度学习方法,神经模型才再次成为主流,在各个领域取得了巨大成功。

2.3.2　神经网络结构

为更好地描述神经网络的结构,我们先来了解一种最常用的**多层感知器**(MLP)模型。该模型是一种层次网络,每一层输出经过一个非线性函数后作为下一层的输入,由此实现信息的逐层传导。这一传导过程也是非线性函数的复合过程,因此可表示非常复杂的函数关系。MLP 的第一层节点称为**输入层**,最后一层节点称为**输出层**,中间层节点称为**隐藏层**。每一个节点上的非线性函数也称为**激发函数**。研究表明,一个包含一个隐藏层的 MLP,只要隐藏节点数足够多,即可近似任何连续函数[①]。

图 2-15 给出了包含一个隐藏层的 MLP 结构。该模型的计算过程可形式化为

$$a_j = \sum_{i=0}^{D} w_{ij}^{(1)} x_i \quad j = 1, 2, \cdots, M$$

$$z_j = g(a_j) \quad j = 1, 2, \cdots, M$$

$$a_k = \sum_{j=0}^{M} w_{jk}^{(2)} z_j \quad k = 1, 2, \cdots, K$$

$$y_k = \tilde{g}(a_k) \quad k = 1, 2, \cdots, K$$

其中,D 为输入节点个数,M 为隐藏节点个数,K 为输出节点个数。$g(\cdot)$ 和 $\tilde{g}(\cdot)$ 分别为隐藏层和输出层的激发函数,z_j 是隐藏层节点 a_j 经过激发函数 $g(\cdot)$ 后的**激发值**。

---

① 非线性函数是函数值的变化量与自变量的变化量之比不是常数的函数。这种函数的函数图像是一条曲线(如,$y = ax^2 + bx + c$ 的图像是一条曲线,而非直线)。相应的,线性函数的函数图像是一条直线(如,$y = ax + b$ 的图像是一条直线)。

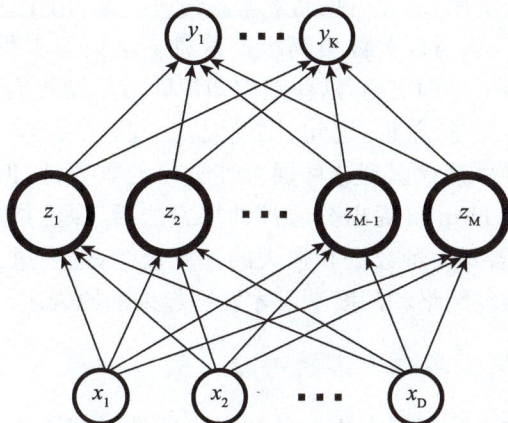

图 2-15　包含一个隐藏层的 MLP 结构

注：其中，节点分层组织的每一层节点只与前后相邻两层中的节点相连。$(x_1, x_2, \cdots, x_D)$ 为输入节点的输入值，$(y_1, y_2, \cdots, y_K)$ 为输出节点的输出值，$(z_1, z_2, \cdots, z_M)$ 为隐藏节点的激发值。

2.3.3　深度学习

2006 年，Hinton 等人在 Neural Computation 上发表了一篇文章，阐述了如何通过逐层学习的方法生成一个**深度信任网络**（Deep Belief Net-work，DBN），并证明这种深度网络具有很强的数据表征能力。随后，Hinton 等又发现基于该方法可对多层神经网络进行预训练，得到**深度神经网络**（Deep Neural Net，DNN）。从此以后，包括 DBN、DNN 在内的**深层模型**开始被广泛应用在机器学习的各个领域，取得了一系列令人瞩目的成就。一般来说，我们将基于深层模型的机器学习方法称为**深度学习**。这里的深层模型既可以是神经网络的，也可以是概率模型的，但目前最成功的深层模型大部分是神经网络的。

在形式上，深度神经网络仅是层数较多，在基本学习方法上与单个隐藏层的 MLP 并没有明显不同。但是，多层网络可以表达数据中的**层次性**，因此可极大提高对数据的建模能力。层次性是自然界的基本法则，从微观粒子到整个宇宙，我们周围的世界就是按不同层次组织起来的。神经科学的一些研究表明，人类大脑对信息的处理过程也是层次性的，相邻层之间相互连接，后一层神经元基于前一层神经元提供的信息作进一步的加工处理。以视觉系统为例，图像信号从进入眼睛开始，要经历 6～8 层信息处理过程，才能在大脑皮层形成对物体的认知和理解。与此类似，人类的听觉系统也基于层次处理方式：声音从外耳进入中耳，振动骨膜，在内耳中转换成神经信号，再由听觉神经传入大脑皮层，才形成声音感知。如果要理解声音中的内容，则需要更长的处理流程。

这种层次性的意义在哪里呢？直观上说，基于层次结构，前一层处理的结果可以为后一层的神经元复用,因此可提高效率。另一方面,由于前一层处理过的信息不必再重复处理,下一层可以关注更高级的信息。这类似于我们在学习一门语言时,学会了发音、背会了单词之后,这些基础知识即可帮助我们学习造句、谋篇等更高级的知识。如果将发音、单词、造句、谋篇混在一起学习,学习难度将大幅提高。神经网络的研究者很早就意识到这种层次性学习的重要性,但学习多层网络面临很多问题,因此,直到 Hinton 提出分层预训练方法后,深度神经网络才发展起来。另外,训练深层网络需要大量数据和强大的计算资源,这在过去并不现实,这也是直到最近十年深度神经网络和深度学习才发展起来的原因之一。

2.3.4　基于深度卷积网络的人脸识别

基于深度学习的人脸识别本质上是利用深度学习的层次建模能力,逐层提取出与身份认证相关的高级特征,同时去除干扰因素的影响,从而极大地提高模式匹配的精度。

原则上可以基于各种结构来设计深度特征提取网络。对人脸识别来说,最成功的结构是**卷积神经网络**(Convolutional Neural Network,CNN)。与标准 MLP 模型(图 2-15)相比,CNN 的每个隐藏节点仅对应前一层的某一小块输入,如图 2-16 所示。这类似于用一个手电筒在一张图片上扫描,在每个扫描位置,从被照亮的地方得到输入,计算激发值并写到下一层相应的位置,这一扫描过程称为**卷积**,计算每一个节点激发值所用的参数是不变的,这一参数称为**卷积核**。(在刚才的例子中,卷积核可以理解为手电筒照出去的光圈在不同位置的明亮度。)这一结构的优点是可以提取前一层输入的**局部特征**,如线条、圆弧、色彩变化等,而这些是图像的基本成分,因此,CNN 被广泛用于图像处理任务中。值得说明的是,图 2-16 中所示的 CNN 仅使用了一个卷积核进行扫描。在实际系统中,一般会用多个卷积核同时扫描,每个卷积核只关注某一方面的局部特征,从而可以全方位地从图片中提取信息。

深度卷积神经网络(Deep CNN)是包含多个卷积层的 CNN,基于这一结构可以逐层学习图像中的深层特征。图 2-17 展示了用 Deep CNN 学习人脸图像特征的过程。为观察每一层 CNN 的作用,我们给出了每一个隐藏层的卷积核所关注的局部模式。从图中可以看到该网络对特征的渐次提取过程:在第一层首先提取一些简单的线条,表达图像中某些位置和某些方向上的轮廓;第二层会根据前一层检测出的线条,提取一些局部特征,如眼睛、口、鼻等;到第三层,已经可以提取大体的人脸轮廓。通过这三层网络,即可从原始图片中提取出表达人脸身份信息的特征,而光线、位置、姿态等和身份无关的因素,则在特征提取过程中被一步步滤除。从这一角度上看,Deep CNN 的特征提取过程就是增加不同人的类间差异,同时减小同一个人的类内差异的过程,因此能够极大地提高人脸识别的性能。

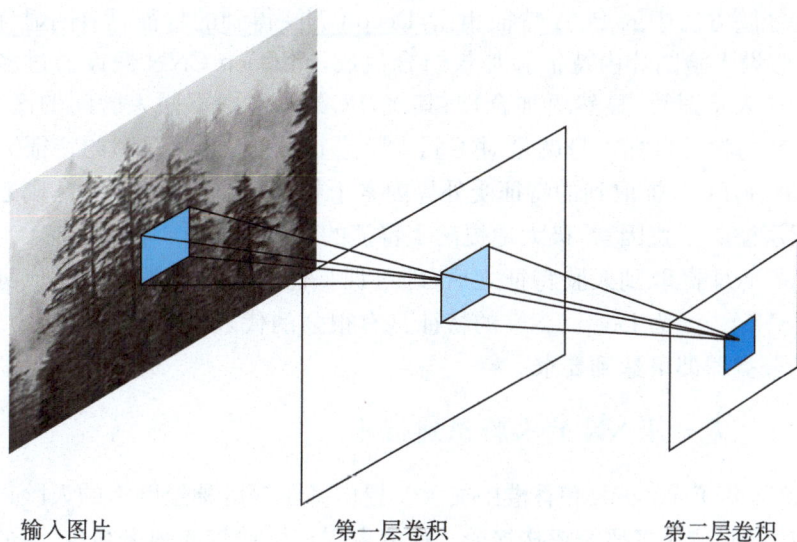

图 2-16　包含两个卷积层的 CNN 网络

注：第一卷积层中的每个节点仅对应输入图片中的一个局部数据块，第二卷积层中的每个节点仅对应第一卷积层中的一个局部数据块。

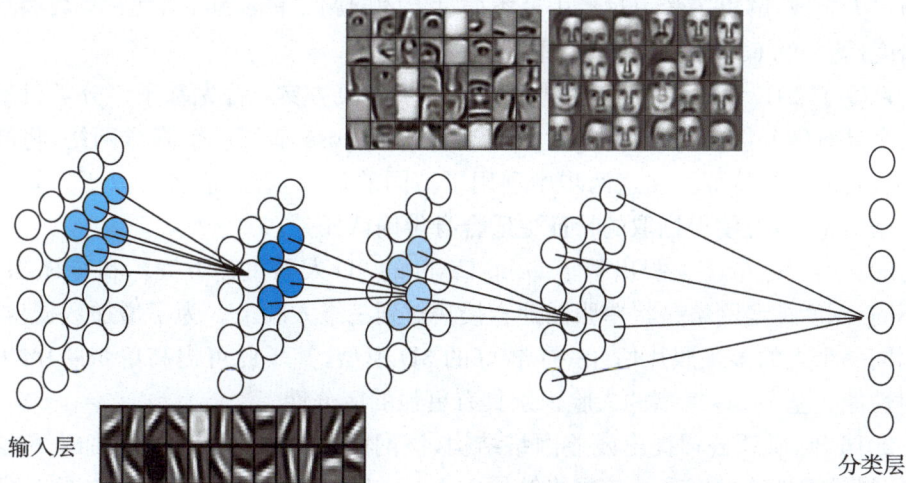

图 2-17　用于人脸识别的深度卷积神经网络(Deep CNN)所提取的层次性特征

事实上,提取抽象的、不受干扰的高级特征在人脸识别领域已经研究了很多年,研究者们为此设计了各种精巧的算法。深度学习改变了这种局面,不再依赖人为的特征设计,而是从数据中将有效的特征自动学习出来。实验表明,这种自动学习得到的特征往往比人为设计的特征具有更强的任务相关性,更能适应环境的变化。

和特征脸方法中的 PCA 特征相比，Deep CNN 得到的特征具有明显优势。首先，PCA 假设人脸图片由特征脸加权组合生成，而 Deep CNN 假设通过多层非线性组合生成人脸图片，显然更加合理；其次，PCA 不考虑不同人脸间的区分性，而 Deep CNN 的学习目标本身就是对不同人脸进行区分，因此得到的特征天然具有区分性；最后，PCA 提取到的特征受外界因素干扰严重，而 Deep CNN 则通过层次结构一层层滤除干扰因素，极大地提高了特征的稳定性。

Deep CNN 提取到人脸特征之后，即可训练任意一种分类器来完成身份认证任务，如 SVM。因为 Deep CNN 的特征具有很强的代表性和抗干扰能力，通常一个简单的分类器即可达到要求。

2.3.5　基于 DNN 的人脸识别性能

自 2014 年 Facebook 和香港中文大学提出基于深度神经网络的人脸识别方案后，该方法迅速被众多研究机构接受。研究者提出各种新的网络结构、新的训练目标、新的训练方法，一步步提高了识别性能。我们举几个具体例子。

2015 年，Google 在 CVPR 上发表了 FaceNet，采用 22 层卷积网络，利用 800 万人的两亿张面部图像，得到了非常强大的识别系统。FaceNet 还采用 Triplet Loss 作为损失函数，解决了学习过程中分类层过大的问题。FaceNet 在 LFW 数据集上的精度达到 99.63%，近乎完美（图 2-19）。

百度于 2015 年提出基于深度学习的两步解决方案：首先基于多分类目标学习一个具有区分性的高维特征，然后基于 Triple Loss 学习一个降维网络，将高维特征映射成低维特征。在这两步中利用了不同的目标函数，前者可以更有效地利用数据信息，后者使得抽取的特征更适合身份确认任务。

2016 年，Tran 等人提出基于 Deep CNN 的 3D 人脸重建方案。和传统 3D 模型不同，深度神经网络是将单张图片直接映射到三维人脸上。为了增加数据量，可以用同一个人的多张照片估计一个较好的 3D 模型，基于此可提高单张照片的 3D 映射性能。基于 3D 模型的人脸识别具有更强的区分性。

2016 年，微软公司提出残差网络结构，该网络通过在不同层之间加入跨层连接，使得模型训练更容易。该网络结构在 ImageNet 的检测和定位任务、COCO 的检测和分割任务中都取得了非常好的性能。最近，研究人员也证实了残差网络在人脸识别中的性能。

图 2-18 给出了最近几年人脸识别的进展，其中横轴为时间，纵轴为达到的精度。从图中可以看出，人脸识别的性能在过去几年中迅速提高，而深度学习方法贡献了最后几个百分点，推动这一技术走向实用。

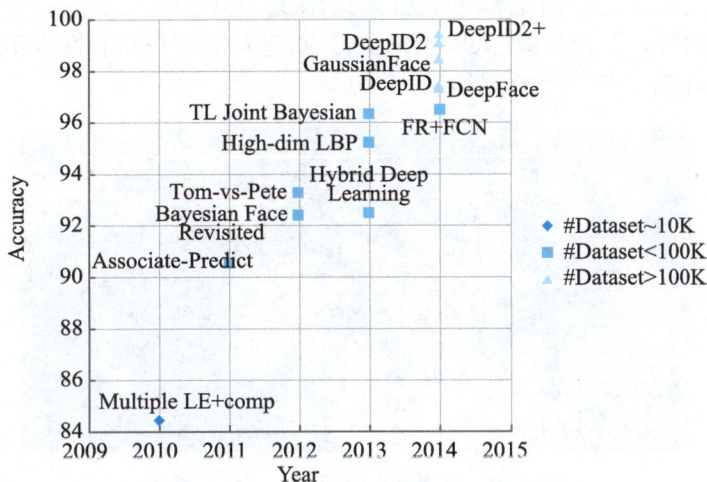

图 2-18 近年来人脸识别技术的发展

2.4 深度神经网络的其他应用

深度神经网络不仅在人脸识别中表现卓越,在机器视觉的其他方面也取得了惊人的成就。我们举几个小例子来说明深度学习的非凡能力。

2.4.1 人脸检测

2017 年,CMU 团队利用 Deep CNN 定位和提取人数密集场景中不同大小的人脸,达到了非常高的精度。通过将不同尺度的 CNN 联合起来,可以实现从一张照片中检测出所有出现的不同大小的人脸,其中最小的人脸区域只有 3×3 个像素。图 2-19 给出一个检测结果的例子。

图 2-19 CMU 的人脸检测结果

注:每个框代表一个人脸候选。

2017 年,马里兰大学的 Ranjan 等人提出了 HyperFace 系统。该系统在实现人脸检测的同时,还可以标注人脸上的关键点,进行姿态识别和性别识别。图 2-20 给出了 HyperFace 的一个检测结果。

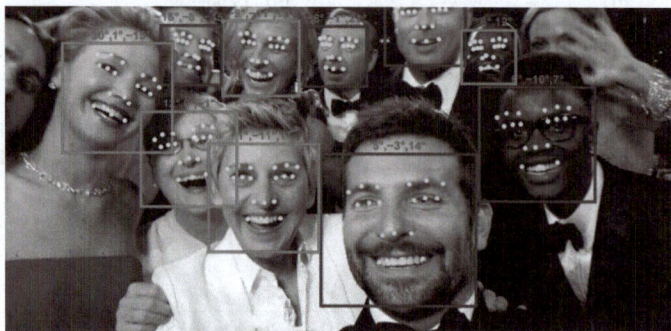

图 2-20　马里兰大学的 Hyper-Face 系统

注:该系统可以同时实现人脸检测(方框)、关键点标注(绿色点)、姿态识别(框上方的角度值)、性别识别(框的颜色)。

2.4.2　人脸正规化

人脸识别的一个主要困难在于照片的角度、表情等不同导致的类内差异过大。传统的 3D 形变模型通过图形学方法与搜索算法配合得到合理的 3D 重建,基于此,可将不同角度的人脸"扭转"过来。2014 年,香港中文大学的研究者提出了一种基于深度神经网络的图片正规化方法,可以将不同角度的人脸照片直接映射出标准正面微笑照片。图 2-21 给出了该算法的一个运行样例。

图 2-21　基于深度神经网络的人脸照片正规化

注:每一组图片中左侧一幅表示正规化前不同姿态不同表情的照片,右侧一幅表示正规化后的标准正面微笑照片。

2.4.3　图像生成

逼真的图像生成是深度学习在计算视觉领域取得的另一项重要成果。早在 2006 年,Hinton 就基于深度信任网络(DBN)成功生成了手写数字。Alex Grave 基于递归网络(RNN)生成了连续手写字母。Kingma 用变分自编码器(VAE)实现了手写字母和人脸生成。Gregor 等基于变分 RNN(Variational RNN)生成手写数字和自然图片。Tang 利用随机前馈网络生成脸部表情。Van 等人用 Pixel CNN 生成同一类型的风景图片或同一个人不同姿态的照片。图 2-22 给出了 Pixel CNN 生成的一些人脸图片。可以看到,该网络确实可以合成逼真的人脸照片,这些照片与输入的真实照片极为相似,但角度、姿态、表情、服饰等各有不同。

图 2-22　基于 Pixel CNN 生成的人脸图片

注:最左边一列是真实照片,将这些照片输入到神经网络中,随机生成右边的照片。

2014 年以来,生成对抗网络(GAN)受到极大关注。该方法的思路是生成器通过训练尽可能生成接近真实场景的图片,希望能够"骗过"分类器,而分类器则通过训练尽可能地区分一张图片到底是真实图片还是生成器生成的假图片。生成器和分类器像两个竞争对手,互相对抗。这一对抗训练可显著提高生成器的性能,生成非常逼真的图片。图 2-23 给出一组由 GAN 随机生成的风景图片。注意这些图片完全是机器自动"创造"出来的。

图 2-23　由 GAN 自动生成的风景图片

2.4.4　图像风格转换

2016 年,Gatys 等人基于深度神经网络提出了一种非常有趣的图片风格转换方法。该方法假设一幅图的风格主要表现为同一层次的不同特征,以及同一特征的不同位置之间的相互关系。因此,如果令一幅图 A 在重建的过程中模拟另一幅图 B 在某一层次上特征之间的关系,即可实现对 B 的风格学习。事实证明这种方法确实是有效的。如图 2-24 所示,同一幅图可以基于不同的风格图片实现风格转换。

图 2-24　图片风格转换

注:(a)为原图;(b)~(d)为风格转换之后的图,其中每幅图的左下角是输入的风格图。

2.5　图像处理技术的应用场景

图像处理技术有广阔的应用场景,特别是近十年来,基于深度学习的图像处理技术飞速发展,催生了很多新的应用领域。我们选择几个典型场景来展开讨论。

1. 公共安全

社会的安全稳定关系到每个人的切身利益。近年来人脸识别、指纹识别、步态识别等基于个体生物特征的安全认证技术逐渐成熟,配合日渐完善的视觉安防网络,成为保障社会安全的基础性设施。一些新的应用领域被开发出来。例如,通过姿态和动作可以发现禁烟区的吸烟者,通过人脸识别可以找出被通缉的在逃人员,通过视频分析可以找出高空抛物的位置,通过红外摄影像分析可以提示夜间行车的司机注意前方的行人。

2. 生活娱乐

图像处理技术正在改变我们的生活方式。例如,基于人脸识别的认证系统,我们可以通过刷脸登录网络银行进行转账或在 ATM 机提取现金;也可以不用购票,拿着身份证即可乘坐地铁或火车。车牌识别技术可以发现交通违章的车辆,在线开罚单;也可以用来设置电子停车位,对车辆的入场和出场时间计时。还有一些有趣的应用,虽然看起来没有那么重要,但却为我们的生活增添了不少色彩。比如自动美颜已经成为每个智能手机的必备功能,也是网络主播们的神器;图片生成技术,可以根据用户的需求生成很玄幻的图片,还可以帮我们生成漫画、视频;华为手机甚至推出了一个"拍月亮"功能,用图像处理技术把月亮拍的又大又亮,连环形山都能拍出来。

3. 专业领域

图像处理技术已经广泛用在工业生产中,用以提高自动化水平,增产提效。例如,可以通过目标识别定位焊接点,操纵机械臂实现自动焊接;也可以对比工件与标准件的外观,发现残次品,实现自动质量控制。在医疗领域,基于深度学习,目前机器已经可以非常高效地处理多种医学影像,辅助医生发现病灶,预测病情的进展。在会计领域,图像识别可以帮助会计员识别发票的内容并判断真伪。在无人区的变电站、动车或城铁的保养站、大型水坝、桥梁的承重处、大型设备的运行现场,图像处理技术可以用来监控重点位置的状态,对可能发生的风险及时预警。

4. 科学探索

图像处理技术也广泛应用在科研前线。例如,有研究者使用图像生成技术合成材料的三维结构。他们首先收集了材料的二维结构图片,这些二维图片使用当前的观测设备很容易获得。基于这些图片,他们训练了一个对抗生成网络,可以预测出材料的三维结构。在 2017 年《科学》杂志的一篇文章中,研究者利用图像识别技术来识别空气中的炭疽芽孢,取得了非常高的精度。炭疽芽孢是炭疽病的病原体,传染性很强且不易清除,因此早期检测非常重要。传统炭疽芽孢的检测方法包括涂片镜检、分离培养、动物实验等,效率很低,难以对抗炭疽的爆发式传染。研究者使用基于深度神经网络的图像识别技术,极大提高了炭疽芽孢的检测能力,哪怕只有一个病菌也可以把它抓出来。目前,图像处理技术在天文观测、航空航天、深海作业等很多领域都有广泛应用,是科学家们探索未知世界的重要工具。

2.6 AI 实践:人脸识别

AIDemo 提供了一个基于 PCA＋SVM 的人脸识别实践程序,安装在 image/pca-face-recognition 文件夹中。该实践程序是机器学习开源工具包 sklearn 的一个演示程序,使用 LFW 数据

人脸识别实践

库训练 PCA 模型和 SVM 模型，训练过程需要 sklearn 工具包。因此，需要下载 LFW 数据库并安装 sklearn。为了方便读者，AIDemo 已经将这些数据库和工具包安装完毕，读者只需按照 doc/README 下的步骤进行操作即可。

查看该实践程序代码文件的方法如下。

(1) 在 AIDemo 虚拟机桌面上右击，选择"打开终端"。

(2) 用 linux 命令进入 pca-face-recognition，查看文件夹内容，如图 2-25 所示。

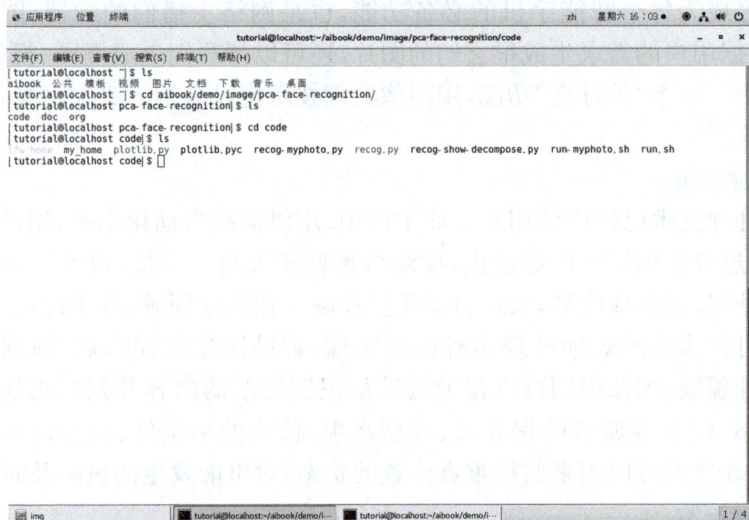

图 2-25　查看 pca-face-recognition 文件夹

(3) 打开 recog.py，理解主程序的运行逻辑，如图 2-26 所示。

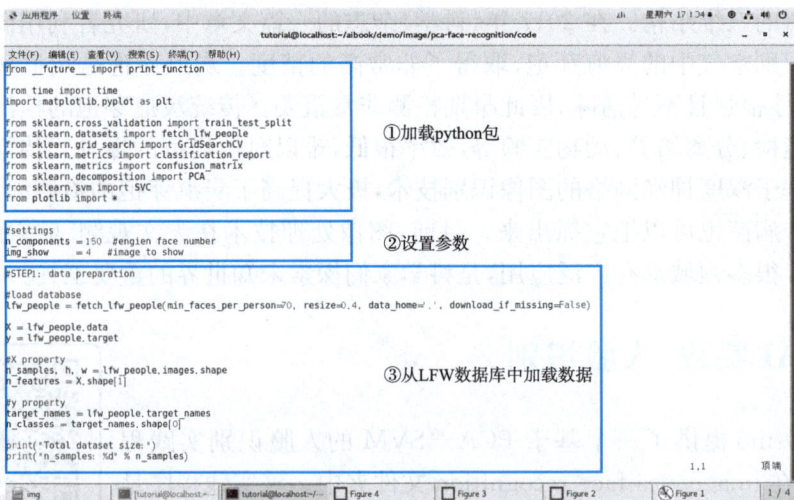

图 2-26　主程序 recog.py 的运行过程

```
            X, y, test_size=0.1, random_state=0)

#STEP2: PCA to form egien faces
print('Extracting the top %d eigenfaces from %d faces'
      % (n_components, X_train.shape[0]))                    ④训练PCA模型
t0 = time()
pca = PCA(svd_solver='randomized',n_components=n_components, whiten=True).fit(X_train)
print('done in %0.3fs' % (time() - t0))

#STEP3: feature extraction

eigenfaces = pca.components_.reshape((n_components, h, w))
print('Projecting the input data on the eigenfaces orthonormal basis')

t0 = time()                                                  ⑤提取PCA特征
X_train_pca = pca.transform(X_train)
X_test_pca = pca.transform(X_test)
print('done in %0.3fs' % (time() - t0))

#STEP4: train SVM model
print('Fitting the classifier to the training set')
t0 = time()
param_grid = {'C': [1e3, 5e3, 1e4, 5e4, 1e5],
              'gamma': [0.0001, 0.0005, 0.001, 0.005, 0.01, 0.1], }
clf = GridSearchCV(SVC(kernel='rbf', class_weight='balanced'), param_grid)   ⑥训练SVM模型
clf = clf.fit(X_train_pca, y_train)
print('done in %0.3fs' % (time() - t0))
print('Best estimator found by grid search:')
print(clf.best_estimator_)

#STEP5: predicting

print('Predicting people's names on the test set')
t0 = time()
```

```
print('done in %0.3fs' % (time() - t0))
print('Best estimator found by grid search:')
print(clf.best_estimator_)

#STEP5: predicting

print('Predicting people's names on the test set')         ⑦用SVM模型进行识别并输出识别
t0 = time()                                                    精度和人与人之间的混淆度
y_pred = clf.predict(X_test_pca)
print('done in %0.3fs' % (time() - t0))
print(classification_report(y_test, y_pred, target_names=target_names))
print(confusion_matrix(y_test, y_pred, labels=range(n_classes)))

#STEP6: plot results

#(1) prediction results
prediction_titles = [title(y_pred, y_test, target_names, i)
                     for i in range(y_pred.shape[0])]
plot_gallery(X_test, prediction_titles, h, w)

#(2) plot egien faces
eigenface_titles = ['eigenface %d' % i for i in range(eigenfaces.shape[0])]
plot_gallery(eigenfaces, eigenface_titles, h, w)            ⑧图形化展示识别结果

#(3) plot process of face recovery from eigence faces
plot_gallery([X_test[img_show]], [target_names[y_pred[img_show]]], h, w, 1,1);

recfaces = [0 for i in range(eigenfaces.shape[0])]
X_test_tmp = [0 for i in range(eigenfaces.shape[0])]

for i in range(eigenfaces.shape[0]):
    X_test_tmp[:i+1] = X_test_pca[img_show][:i+1]
    recfaces[i] = pca.inverse_transform(X_test_tmp).reshape(50,37)

plot_gallery(recfaces, X_test_tmp, h, w, 3, 4);
```

图　2-26(续)

实践任务 1：运行默认配置

在终端窗口中运行 image/pca-face-recognition/code 文件夹中的 run. sh，即可观察到该人脸识别系统在默认配置下的运行过程。运行该实践程序时会显示四幅图片，把这些图片单击关闭后即可结束程序的运行。下面是这一过程的运行步骤。

(1) 从 LFW 数据库读入 7 个人的 1288 张人脸照片,并将其中的 90%作为训练,余下的 10%作为测试集。

(2) 基于训练集中的人脸照片数据训练 PCA 模型,每个 PC 对应一个 Eigen Face;将训练集中的人脸照片在 PC 上做映射,得到的映射结果即为原始照片的特征向量。

(3) 基于上一步提取的 PCA 特征训练 SVM 模型。

(4) 基于 SVM 模型,对测试集中的数据预测每张照片的身份(即训练集中出现过的人物)。

图 2-27 给出了运行该过程时终端窗口中所打印出的信息,注意框①中标识出的参数信息以及框②和框③部分标识出的预测精度信息。除了终端输出,该程序运行过程中还给出了图 2-28 所示的四幅图:图(a)给出了 12 张预测集中的照片,每张照片上标记出了预测结果和真实结果;图(b)给出了前 12 张 Eigen Face 的图片;图(c)给出一幅 George Bush 的图片;图(d)给出了利用这 12 幅 Eigen Face 对图(c)进行重构的过程。

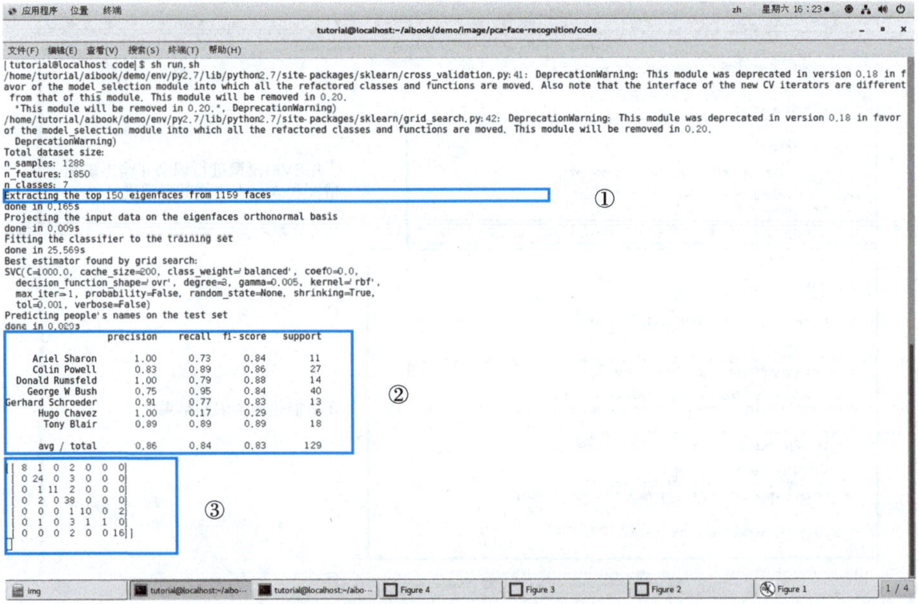

```
[tutorial@localhost code]$ sh run.sh
/home/tutorial/aibook/demo/env/py2.7/lib/python2.7/site-packages/sklearn/cross_validation.py:41: DeprecationWarning: This module was deprecated in version 0.18 in favor of the model_selection module into which all the refactored classes and functions are moved. Also note that the interface of the new CV iterators are different from that of this module. This module will be removed in 0.20.
  "This module will be removed in 0.20.", DeprecationWarning)
/home/tutorial/aibook/demo/env/py2.7/lib/python2.7/site-packages/sklearn/grid_search.py:42: DeprecationWarning: This module was deprecated in version 0.18 in favor of the model_selection module into which all the refactored classes and functions are moved. This module will be removed in 0.20.
  DeprecationWarning)
Total dataset size:
n_samples: 1288
n_features: 1850
n_classes: 7
Extracting the top 150 eigenfaces from 1159 faces
done in 0.165s
Projecting the input data on the eigenfaces orthonormal basis
done in 0.009s
Fitting the classifier to the training set
done in 25.569s
Best estimator found by grid search:
SVC(C=1000.0, cache_size=200, class_weight='balanced', coef0=0.0,
  decision_function_shape='ovr', degree=3, gamma=0.005, kernel='rbf',
  max_iter=-1, probability=False, random_state=None, shrinking=True,
  tol=0.001, verbose=False)
Predicting people's names on the test set
done in 0.020s
                   precision    recall  f1-score   support

     Ariel Sharon       1.00      0.73      0.84        11
     Colin Powell       0.83      0.89      0.86        27
  Donald Rumsfeld       1.00      0.79      0.88        14
    George W Bush       0.75      0.95      0.84        40
Gerhard Schroeder       0.91      0.77      0.83        13
      Hugo Chavez       1.00      0.17      0.29         6
       Tony Blair       0.89      0.89      0.89        18

      avg / total       0.86      0.84      0.83       129

[[ 8  1  0  2  0  0  0]
 [ 0 24  0  3  0  0  0]
 [ 0  1 11  2  0  0  0]
 [ 0  2  0 38  0  0  0]
 [ 0  0  0  1 10  0  2]
 [ 0  1  0  3  1  1  0]
 [ 0  0  0  2  0  0 16]]
```


图 2-27 在终端运行 pca-face-recognition 的输出结果

注:图中方框①中的内容显示该示例程序提取的 PC 个数为 150;方框②内的数字显示了七位测试者的识别性能,其中 precision 为预测结果中标记为某人的照片里确实为该人照片的比例,recall 为某人所有照片中被正确标记出来的比例,F1-score 为上述两种性能指标的综合值;方框③显示了这七位测试者之间的混淆度,其中第 i 行第 j 列的数字为识别系统将第 i 人识别为第 j 人的次数。

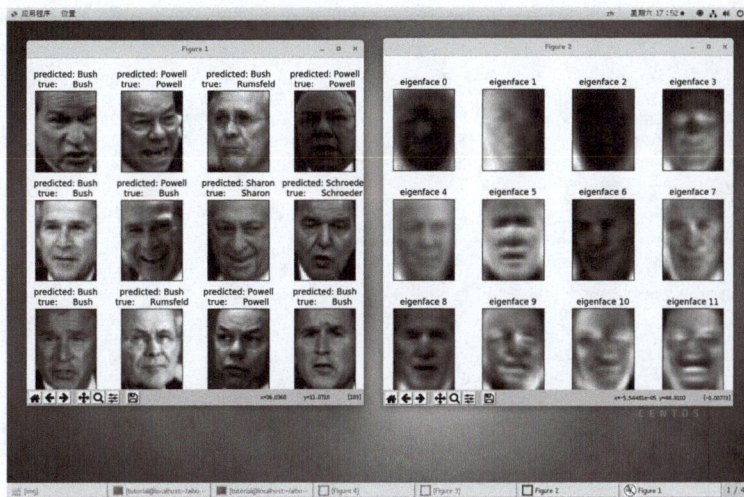

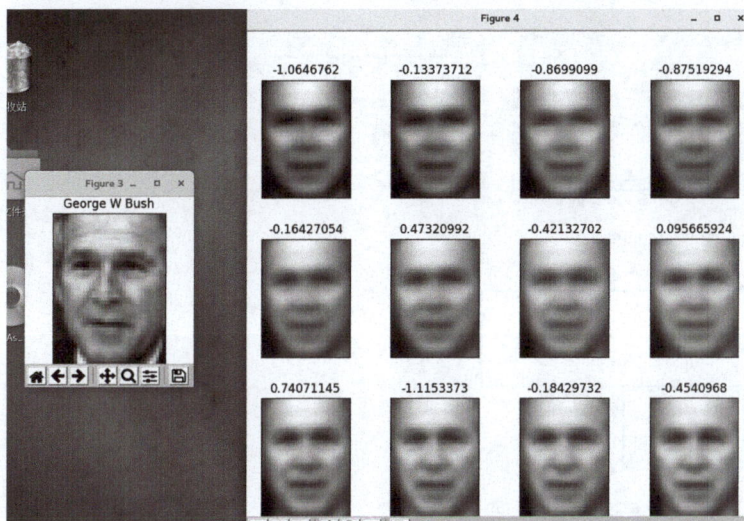

图 2-28 在终端窗口运行 pca-face-recognition 后输出的四幅图

实践任务 2：修改运行参数

pca-face-recognition 系统的主要参数是 n-components，即 Eigen Face 的个数，定义在 recog.py 中。这一参数值越小，提取的 PCA 特征越精简，计算速度越快，但识别性能越低。修改这一参数，可以观察 Eigen Face 个数和识别性能的关系。

打开 recog.py，将 n_components 的值设为 15，如图 2-29 所示，再次运行 run.sh，终端中显示的结果如图 2-30 所示。与图 2-27 所示的结果相比，可以看到减小 Eigen Face 的个数之后，识别性能有显著降低，F1 的平均值由 0.83 下降为 0.57。

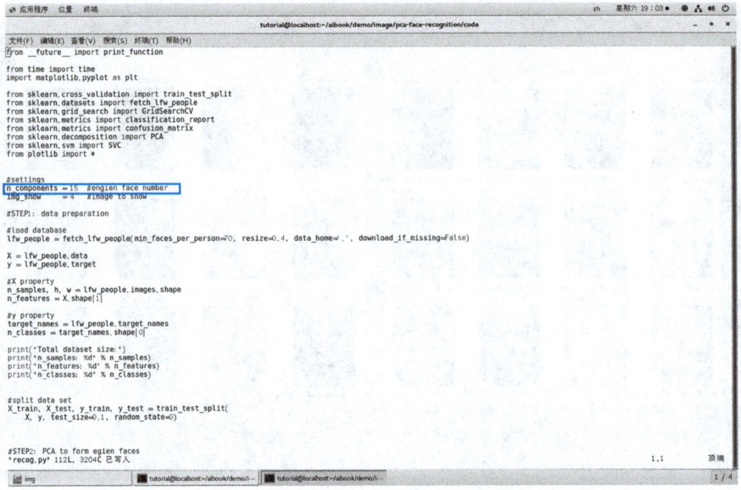

图 2-29　将 PCA 的参数 n-components 设为 15

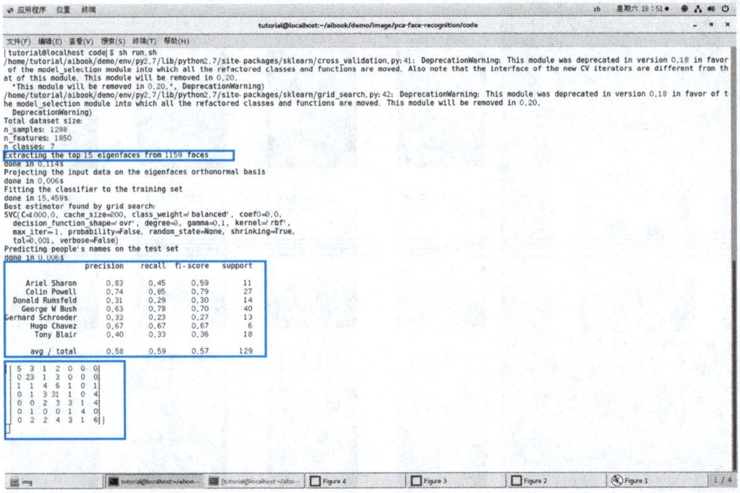

图 2-30　将 n-components 设为 15，在终端运行 pca-face-recognition 的输出结果

实践任务 3：识别自己的照片

上传一张自己的照片，将其放在 my_home 文件夹中（上传方法参见 1.6.3 小节），并修改 recog-myphoto. py 中的 photo_fn 变量，指向该照片的文件名。运行 run-myphoto. sh，即可得到对该照片的预测。注意，该预测的结果只能是在原 LFW 数据集中的人名，因此可以理解为你与 LFW 数据集中的名人们谁更相似。 AIDemo 中上传了一张作者的照片 me. jpg，图 2-31 显示如何修改 recog-myphoto 来识别这张图片。图 2-32 显示运行 run-myphoto. sh 的结果。可以看到，程序运行的结果显示作者和 Colin Powell 最相似。

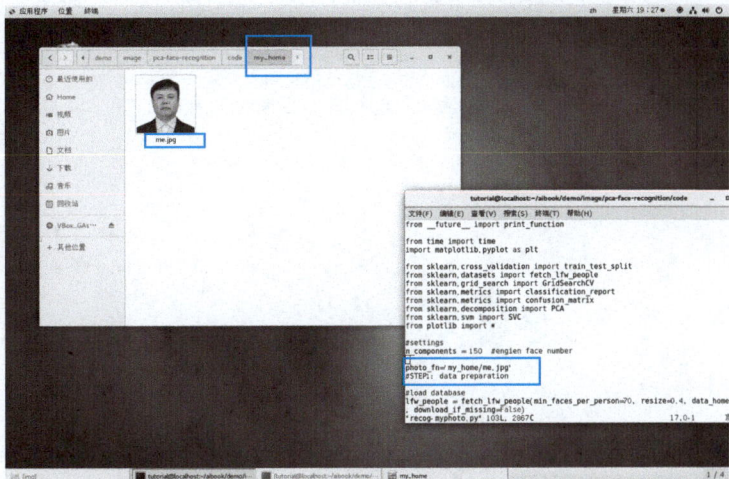

图 2-31　修改 recog-myphoto. py 中的 photo_fn，设为 my_home 文件夹中的 me. jpg

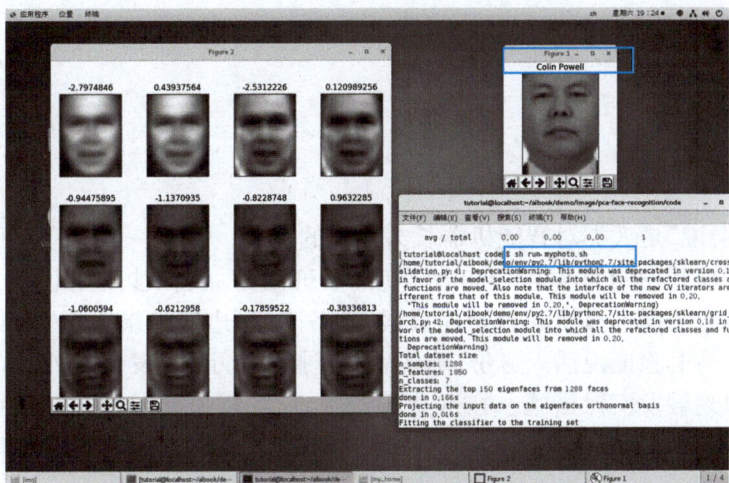

图 2-32　运行 run-myphoto. sh 的结果，将 me. jpg 中的人脸识别为 Colin Powell

注：图是用前 12 个 Eigen face 重建 me. jpg 的结果。

思考题

（1）如果构造一个猫脸识别系统，有可能在众多猫咪的照片中找到自己家的爱猫吗？如果要构造一个禽类的面部识别系统呢？

（2）深度学习在人脸识别任务中为什么有如此强大的建模能力？

（3）人脸识别的相关技术还可以应用到哪些领域或场景？

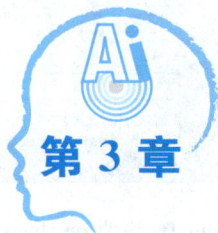

第3章 语音处理

　　"能听会说"是人类对智能机器长久以来的梦想。试想一下,清晨,我们一觉醒来,说一声"拉开窗帘",窗帘便自动开启;下班回家,躺在沙发上说一声"播报新闻",我们喜欢的播音员便开始新闻播报;准备晚餐,边洗水果边说"订购一台榨汁机",机器人马上验证说话人身份,确认后便直接付款卜单;发生意外时,大叫一声,机器人便即刻触发安保措施。在这些场景中,声音都扮演了重要的角色:通过声音发布命令;通过声音验证身份;通过声音判断位置;通过声音识别情绪;通过声音给出反馈。

　　声音之所以在智能时代扮演着如此重要的角色,是因为它是人类最自然、最方便的交流方式。和图像、视频相比,声音传递的信息更直接,信息量更大,信息种类更丰富。大家在听有声小说的时候,应该有过这样的体验,虽然没有看到任何画面,却依然可以非常清晰地掌握故事的发展脉络,重构出事件发生的现场情境。

　　生活中有各种各样的声音,如风声、鸟鸣、机器轰鸣等,我们只关注人类在交流中所发出的声音,一般称为**语音**(Speech)。我们将了解语音的产生与感知机理,以及从语音信号中提取信息的技术。内容将以语音识别为主,同时简述说话人识别和语音合成的基本方法。

3.1　语音的产生与感知

3.1.1　语音的产生

　　和图像不同,语音是人类主动产生的信号,因此,语音信号和发音人的知识水平、逻辑能力、情绪、身体状况等因素息息相关。图 3-1 是人体参与发音的相关器官。语音的产生过程可总结为以下几个步骤。首先,由肺部产生气流,通过喉头时冲击声带,使声带产生振动,通常称为**激励**。声带振动引起气流疏密变化,并在口腔和鼻腔中产生共鸣,这一共鸣会导致气流的疏密模式发生变化,通常称为**调制**。最后,这些疏密相间的模式由口唇辐射出来,即产生我们听到的语音。上述发音机理称为**激励—调制模型**（Excitation-Modulation Model）,也称为源—滤波模型（Source-Filter Model）。该模型在语音信号分析中具有重要的意义,它启发我们将声音分解成声带激励和声道调制两个部分,这一分解将帮助我们更好地利用语音信号包含的各种信息。例如,当分析发音内容时应更关注声道调制,而在分析情绪变化时则应更关注声带激励的变化。

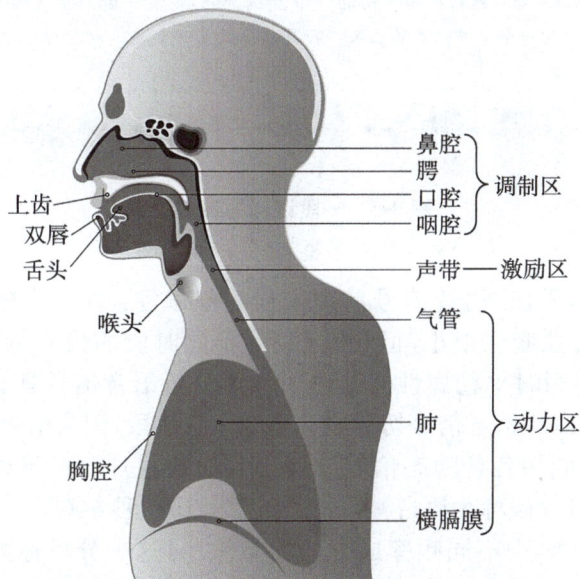

图 3-1　人类发音器官示意图

注:发音时气流由肺部产生,冲击声带产生震动,该震动引起气流疏密变化,经过声道（口腔和鼻腔）调制后,由口唇辐射到空气中,形成声音。

　　从口唇发出的语音本质上是空气中疏密相间的周期性变化,该变化和其他声音一样在空气中以纵波形式传播（图 3-2）。如果在空间中确定一个位置,每隔一个非常短的时间（如 1/16 000 秒）记录一次空气密度,即可记录下该点处的语音信号,这一过程称为**采样**,每个记录值称为一个**采样点**,一秒钟内的采样次数称为**采样频率**。如果将密度值表示为时间的函数,则得到语音信号的**波形图**,如图 3-3 所示。需要说明的是,虽然讨论的都是空气密度的变化,但密度变化和压力变化是一致的,因此语音波形记录的也是空气压力的变化。

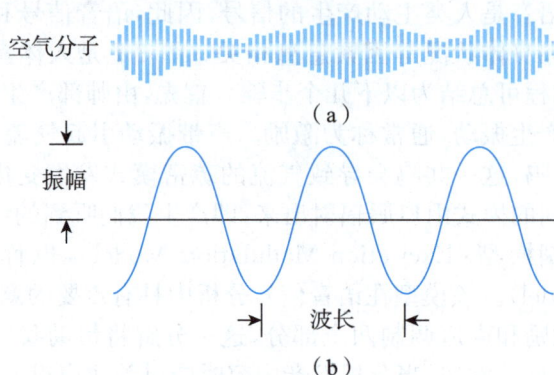

空气分子

（a）

振幅

波长

（b）

图 3-2　声音是空气密度的周期变化

注:图中横轴为沿声源的径向方向的一条直线。(a)是某一时刻空气密度的空间分布;(b)将该密度表示为一个空间位置的函数。可见该函数是一个波。

图 3-3　一段语音的波形图

注:横轴为时间,纵轴为记录下的空气密度值。

从波形图可以看出,语音信号具有很强的规律性:在一个较短时间段内(如 0.01 秒)信号的特性变化很小,但长时间看,不同时段的信号特性会发生明显变化,这一属性称为**短时平稳属性**。这一属性对分析语音信号具有重要指导意义。基于这一属性,可以将语音信号切分成一个个短时片段,因为信号在这些片段中是稳定的,所以可以利用各种稳态信号分析工具对这些片段进行处理,称为**短时分析**。这些短时语音片段称为**语音帧**,一般长度为 0.01 秒左右。一种常用的短时分析方法是提取每一帧中不同频率成分的能量大小,这一分析称为**短时频谱分析**。每个语音帧在不同频率上的能量称为该帧的**频谱**或**短时频谱**;一段语音中所有语音帧的短时频谱也称为这段语音的频谱。如果将每一时刻不同频率的能量大小用颜色表示出来,可以得到一幅以时间为横轴,以频率为纵轴的**频谱图**,如图 3-4 所示。语音的波形图和频谱图分别称为语音信号的**时域表示**和**频域表示**。

语音频谱中的最低频率称为**基频**,对应发音人声带振动的频率。同时,在频谱图上还可以发现一些能量集中的频带,表现为颜色较亮的横纹,这些频带称为**共振峰**。频率最低的共振峰称为**第一共振峰**,次低的称为**第二共振峰**,以此类推。不同

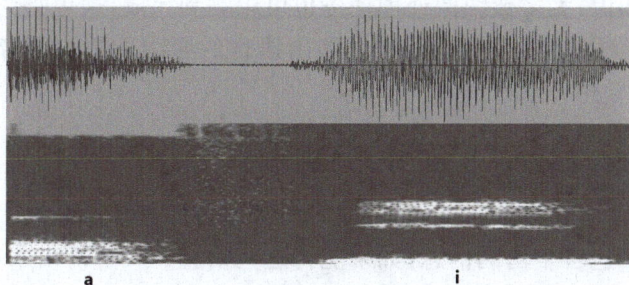

图 3-4　汉语拼音 a 和 i 两个音素的波形图(上)和频谱图(下)

发音内容的语音信号具有不同的**共振峰模式**,包括各个共振峰的位置、宽度、强度、形态等。例如,在图 3-4 中,汉语拼音 a 和 i 两个音素的共振峰模式表现出极大差异,因此,可依靠共振峰模式来区分不同的发音。①

3.1.2　语音的感知

　　人类在漫长的进化过程中已经把"听话"这件事做得相当完美,我们可以在对话过程中高效地解析出对方声音中包含的信息,理解说话人表达的内容和情感倾向等。但是,对计算机而言,解析语音信号却是非常困难的任务。在第 2 章我们提到过,一张人脸照片对计算机而言只是一堆像素,要从这堆像素中找到人脸信息是非常困难的。对声音也是一样,计算机看到的只是一个一维振动的采样序列,而且这一序列还包含发音内容、说话人身份、说话方式、目标与动机等极为复杂的信息。这些信息以一种未知的方式嵌入到语音信号中,并且以一种未知的方式相互影响,形成了极为精细的信息表达。要计算机从一堆采样点中解析出如此复杂和多样的信息显然是极为困难的。不仅如此,语音信号中还有大量难以预测的随机性,这些随机性既包括发音过程中的无意识变动(如送气和舌位差异),也包括外界环境噪声和声音采集设备的差异等。这些随机性进一步增加了语音信息提取的难度。

　　和第 2 章介绍的图像处理相比,语音信号处理通常具有更高的复杂度。这是因为对语音信号进行解析时,不仅要"听",还要"听懂"。我们都有这样的经验,在练习英语听力时,发音人的语速过快或有较强的噪声干扰时,会很难听清,更别提听懂了。这是因为语音信号本身(语言)是人类在长期进化过程中形成的受逻辑制约的、精细的信息系统,抽象性较高。因此,对声音的解析不仅需要听觉上的感知,还需要一个依赖背景知识进行解码的认知过程。相对而言,图像是自然信号,即使

---

① 发音的最小单元称为音素。汉语拼音中所有声母(b,p,m,f 等)和单韵母(a,i 等)都是一个音素,而复韵母(ao,iu,ong 等)则包含多个音素。

没有任何背景知识,大多数图像处理任务也可以顺利完成,这也是为什么大多数动物可以很好地处理视觉信号,却无法发展出语言的原因。关于语音产生和感知的更多知识,可参考相关书目。

3.2 语音识别概述

语音信号中包含丰富的信息,如果能将这些信息一一解析出来,将极大地提高人类和机器交互的效率。从语音信号中解析各种信息的过程称为**语音信息处理**,包括**语音识别**(判断发音内容)、**说话人识别**(判断说话人身份)、**情绪识别**(判断发音人情绪)、**语种识别**(判断所用的语言)等。在众多语音信息处理任务中,研究最多、发展最成熟的是语音识别。

3.2.1 什么是语音识别

语音识别(Automatic Speech Recognition,ASR)是指利用计算机将语音转换成文字的过程,简单来说,就是让机器听懂我们在说什么。在实际应用中,语音识别经常与**自然语言理解**(理解句子的语义)、**自然语言生成**(生成文本句子)和**语音合成**(由文本生成声音)等技术结合在一起,形成一个基于语音的完整的人机交互系统。

早在 1968 年,电影《2001:太空漫游》中就有一个叫 HAL 9000 的机器人,可以通过语音和人类自然对话,被喻为发现号上的第六名乘员。这部电影显然过于乐观了,可以和人类自然对话的机器人到 2001 年并没有出现。直到 2012 年,苹果公司推出 Siri 之后,人机语音对话才得以部分实现。Siri 是第一个被广泛应用的语音助手程序,用户按住录音按钮后自由发音,Siri 先将输入的语音转换成文本,再通过分析文本内容生成相应的回答。和 Siri 的一次对话过程如图 3-5 所示。

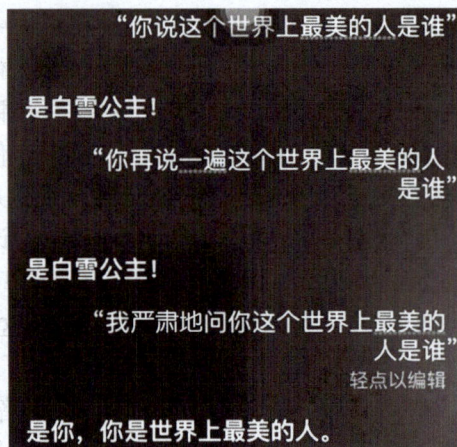

> "你说这个世界上最美的人是谁"
>
> 是白雪公主!
>
> "你再说一遍这个世界上最美的人是谁"
>
> 是白雪公主!
>
> "我严肃地问你这个世界上最美的人是谁"
>
> 轻点以编辑
>
> 是你,你是世界上最美的人。

图 3-5 和 Siri 的一次对话过程

注:Siri 是苹果公司 2012 年推出的基于语音输入的助手工具,是第一个被广泛应用的语音助手。

另一个例子是微信的语音识别应用。如图 3-6 所示,当输入一段语音时,可以长按该语音并选择"转换为文字",即可将该音频转换成文字;也可以选择下方的"语音输入"按钮,对用户发音进行实时识别。提供语音识别服务的公司还包括百度、阿里、搜狗等互联网公司,以及科大讯飞、云知声、思必驰、捷通华声等专业语音技术提供商。

随着智能手环、智能眼镜、智能家电等新型智能设备的普及,键盘、鼠标、触摸屏等传统交互方式已无法满足人们的需求,基于语音的人机交互将变得越来越重要。今天,语音识别已经被广泛应用在搜索、操控、导航、休闲娱乐等各种场景中。随着技术越来越成熟,可以预期一个以语音作为主要交互方式的新时代即将到来。

3.2.2　语音识别简史

语音识别研究可以追溯到 20 世纪中叶,经历了知识积累、模板匹配、统计模型、机器学习、深度学习等五个发展阶段,每一阶段都提出了很多有价值的理论和方法。回顾这段历史将有助于我们总结经验,更好地理解语音识别技术的发展趋势。

1. 知识积累阶段(1930—1950 年)

这一阶段计算机还没有出现,科学

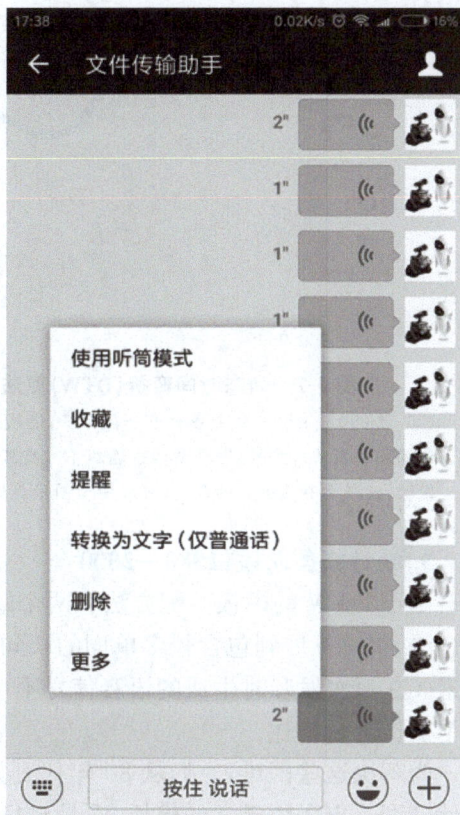

图 3-6　微信的语音转换为文字功能

家们的主要研究内容是语音信号的短时分析,提出了短时频谱分析、滤波器组方法(Filter Bank)、线性预测分析等技术,这些技术为深入解析语音信号打下了坚实的基础。同时,语音学家们开始研究发音单位(如音素、音节等)和语音信号之间的关系,研究不同发音单位在频谱图上的不同模式。

2. 模板匹配阶段(1950—1980 年)

这一阶段研究者可以利用简单的模板匹配算法识别少量单词和短语。模板匹配是指为每个单词或短语保留若干个发音样例作为模板;对一个待识别语音,将它与所有模板进行匹配,匹配度最大的模板所对应的单词或短语即可作为识别结果。

为提高模板匹配的性能,研究者提出了两项重要技术,第一项技术是动态时间弯折(DTW)算法,这一算法解决了不等长语音片段的匹配问题,如图 3-7 所示;第二个技术是线性预测编码(LPC),该技术可以提取声道特征,基于该特征进行模板匹配可极大提高语音识别性能。

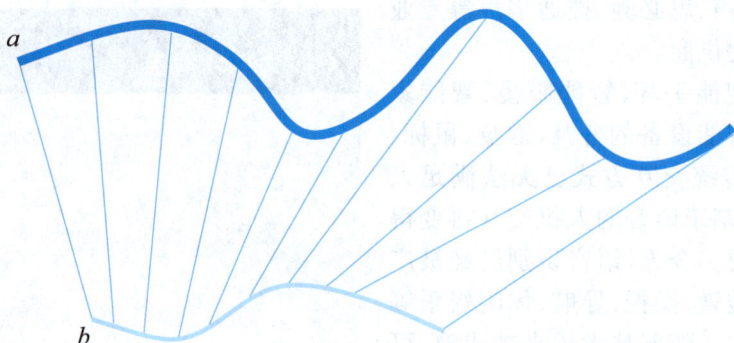

图 3-7   动态时间弯折(DTW)算法对两段不等长的语音信号进行匹配

注：曲线 a 和曲线 b 各代表一段语音，连线表示两段语音之间的匹配点。显然，这一匹配需要满足一定的时序性，即任意两条连线不可交叉。在这一限制条件下，DTW 可以找到一种最佳匹配，使得所有匹配点的距离(可理解为图中连线的长度)之和最小。

3. 统计模型阶段(1980—2000 年)

基于 DTW 的模板匹配方法有两个缺陷：首先，模板匹配仅可识别孤立的单词或短语，很难扩展到包含较多单词的长句子；其次，人类的发音具有变动性(如一个音素 a 在每次发音时生成的语音信号不可能完全一致)，这些变动性很难用有限的几个模板进行描述。

为解决这些困难，人们从 80 年代开始提出统计模型方法。和模板匹配不同，统计模型不再保留孤立的模板，而是对每个音素建立一个模型，通过统计每个音素的多个发音样本来确定模型参数，这样得到的模型可以充分代表发音过程中的各种变化。同时，由于建模的单元是音素，可以通过将音素组合成词，再由词组合成句子的方法扩展到对整句的描述，从而解决了模板匹配方法仅可识别单个词的缺陷。

比较成功的统计模型是基于混合高斯的隐马尔可夫模型(GMM-HMM)。这一模型的原型最初由美国卡内基梅隆大学的 Jam Baker 和 IBM 公司的 Frederick Jelinek 于 1975 年提出，并在其后的三十多年里被发展、完善，形成了一套完整的识别框架。我们将在第 3.3 节具体了解基于 GMM-HMM 模型的语音识别系统。

这一阶段，语音识别的主要研究机构包括麻省理工学院(MIT)、卡内基梅隆大学(CMU)、剑桥大学(Cambridge)等学术机构以及 AT&T、微软、IBM 等商务公司。另一个显著变化是开源系统的出现有力推动了学术进步，如美国卡内基梅隆大学推出了 Sphinx 系统，剑桥大学推出了 HTK 系统。同时，美国国防高级研究计划局(DARPA)开始大规模资助语音识别项目，美国国防高级研究计划局(NIST)也组织了一系列针对语音识别任务的评测，这些都对语音识别技术的进步起到了显著的推动作用。

4. 机器学习阶段(2000—2010 年)

　　21 世纪的前十年是语音识别技术的打磨期。这一阶段没有划时代的技术革新,但出现了一些新的趋势,这些趋势为下一次技术革命打下了基础。首先,大量真实的数据开始运用在模型训练中,极大地提高了系统的实用性;另一方面,机器学习技术被广泛应用,以区分性训练为代表的新方法将 GMM-HMM 系统的性能发挥到了极致。这一阶段,语音识别开始走向实用化,出现了 Nuance 这样的专业语音技术公司。图 3-8 是 2010 年以前 NIST 语音识别评测的结果,从图中可以看出,当时的技术在一些特定场景里已经获得非常好的效果,但在自由对话、多人会议等实际场景中还有相当大的不足。

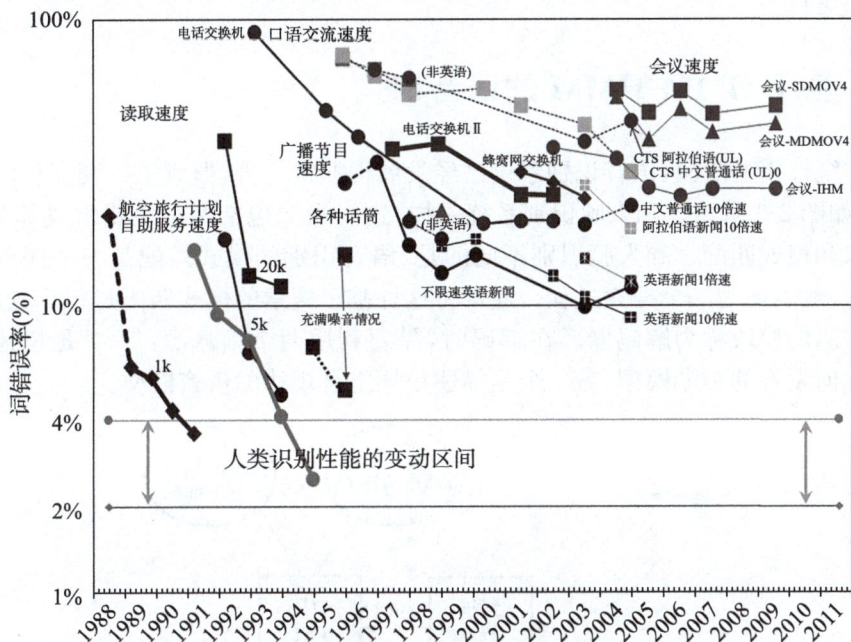

图 3-8　2010 年以前的 NIST 语音识别评测结果

注:横轴为时间,纵轴为词错误率(数值越低表示识别精度越高)。每条折线表示一个 NIST
任务。下面两条平行灰线代表人类识别性能的变动区间(2%～4%)。

5. 深度学习阶段(2011 至今)

　　随着大数据时代的到来,业界积累了大量语音数据,人们希望通过这些数据让机器学习更好的模型,缩小与人类的差距,但是传统的 GMM-HMM 模型却很难充分发挥这些数据的价值。因为这一模型具有很强的人为设计,这些设计可以限制模型的复杂度,在小数据时代能够帮助我们顺利完成模型的训练和解码,但当数据增大到一定程度时,这些设计就逐渐变成了对模型能力的束缚,限制了机器对语音信号中复杂信息的学习。传统 GMM-HMM 模型的天花板出现了。

变革发生在 2009 年。在这一年的 NIPS Workshop 上，Mohamed 和他的导师 Hinton 发表了一篇论文，报告了他们利用深度神经网络(DNN)进行声学建模的结果。Mohamed 发现，利用 DNN，在 TIMIT 数据集上可得到 23％的音素错误率，显著好于传统的 GMM-HMM 模型。这一结果点燃了人们对深度神经网络的热情。在接下来的几年，微软、IBM、谷歌等公司对 DNN 模型进行了深入探索，尝试了各种模型结构和训练方法，性能得到了前所未有的提升。特别是在实际应用场景下，基于大规模数据训练的 DNN 模型在某些领域甚至已经超过人类的识别水平。今天，DNN 已经成为语音识别的主流模型，统治业界 30 年的 GMM-HMM 模型已然退出历史舞台。

3.3　基于 GMM-HMM 的语音识别

在统计模型阶段，语音识别系统已经发展得非常完善，形成了一套完整的识别框架，如图 3-9 所示。和人脸识别系统一样，这一框架包括两个主要组成部分：特征提取和模式匹配。和人脸识别不同的是，语音识别的模式匹配是一个序列匹配问题，一般表现为一个搜索过程。通常将这种基于搜索的模式匹配过程称为**解码**，实现解码的模块称为**解码器**。在解码时，需要利用两个信息源：一个是描述每个音素如何发音的**声学模型**，另一个是描述单词组合规律的**语言模型**。

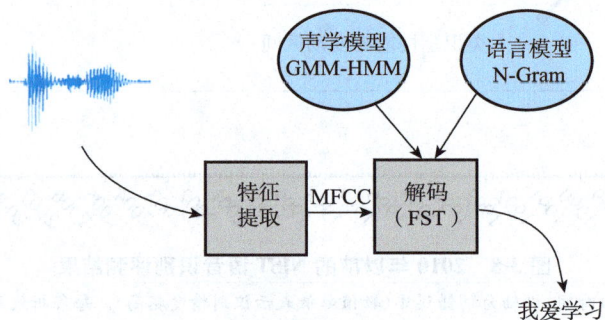

图 3-9　语音识别系统的基础框架

注：语音信号经过特征提取模块提取出特征向量序列(每一帧语音一个特征向量)，送入解码器中搜索最佳匹配的句子。这一句子应该和输入语音相对应，同时也需要符合单词的组合规律。因此这一搜索过程需要用到两个模型：声学模型和语言模型。前者用来描述每个音素如何发音，后者描述词与词之间的组合规律。

2010 年以前，语音识别系统的标准配置为：特征是 **Mel 倒谱系数**(MFCC)，声学模型是 **GMM-HMM**，语言模型是 **N 元文法**(N-Gram)，解码是基于**有限状态转**

移机(FST)。今天,语音识别已经过渡到了深度学习阶段,但只是特征提取和声学建模的具体技术发生了改变,识别系统的基础框架并没有发生变化。本节将对该框架中的各个模块作简要介绍。

3.3.1 MFCC 特征提取

语音识别的第一步是提取可以较好描述发音内容的特征。历史上人们提取出了很多特征,但用得最多的还是 Mel 倒谱系数(Mel Frequency Cesptrum Coefficient,MFCC)。这一特征主要是描述和发音内容相关的声道信息,并模拟人耳的听觉特性,增加对低频段信息的敏感度。

3.3.2 GMM-HMM 声学模型

声学模型的作用是描述一个音素的发音过程。深度学习出现之前,GMM-HMM 是声学模型的主流。总体来说,GMM-HMM 是一个**概率模型**,结构如图 3-10 所示。这一模型包括两个部分:描述发音动态特性的 HMM 模型和描述短

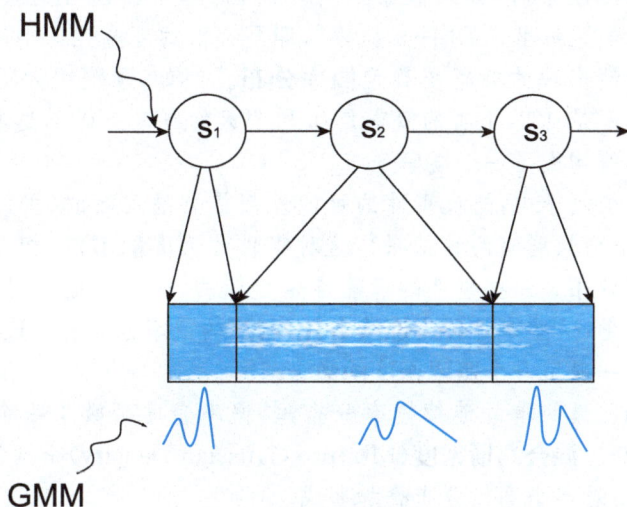

图 3-10 GMM-HMM 模型

注:这一模型将语音信号的生成过程表示为一个从左到右的状态转移过程,每个状态依概率生成一个语音片段。这一状态转移模型称为隐马尔可夫模型(HMM)。每个状态的生成概率用一个混合高斯模型(GMM)表示。图中的 HMM 包含三个状态,每个状态的生成概率是一个 GMM。需要说明的是,图中标记的状态分隔点是不确定的,即我们并不知道每个状态从哪里开始,到哪里结束,因此这些分隔位置是"隐变量"(这是隐马尔可夫模型这一名称的由来)。最后,为了直观起见,在图中我们用频谱表示生成的语音。事实上,GMM-HMM 是特征上的模型,它生成的实际上是语音信号的特征向量序列,而不是原始语音。

时静态特性的 GMM 模型。动态特性是指语音信号在时间顺序上的发展演进过程;静态特性指语音信号在某个短时平稳状态(对应 HMM 模型的一个状态)下的分布规律。

基于这一模型,一段语音的生成过程可以描述如下:首先,HMM 模型将发音过程抽象成一个状态序列,从初始状态一步步转移,直到到达结束状态,每次转移对应一个转移概率。例如在三状态 HMM 模型中包含三个状态,可以认为分别对应发音过程中"开始发音""平稳发音""发音尾声"三个阶段。在进入某个状态后,以 GMM 模型为概率分布函数生成属于该状态的所有语音帧。基于这一模型,每次语音生成过程都对应一个生成概率;反之,给定任意一段语音,都可以计算出由这一模型生成该语音的概率。这一概率可以理解为这段语音信号与该模型的匹配程度。

知识补给站

概率的基础知识:**概率**也称"或然率""几率",它反映随机事件出现的可能性大小。例如掷骰子时,如果骰子是均匀的,则每个面出现的概率都是 1/6。我们常听到天气预报里说的"降水概率",即是下雨的可能性大小。一个随机事件中每种可能性出现的概率统称为**概率分布**。例如,预测明天下雨的概率是 0.4,天晴的概率是 0.2,下雪的概率是 0.1,阴天的概率是 0.3,这些天气情况和其对应的概率值构成了一个概率分布。

在上面两个例子中,随机事件的可能性都是有限次数的(掷骰子只能有六种结果,是否下雨只能有两种结果),这种事件称为**离散事件**,相应的概率分布称为**离散概率分布**。一些事件的可能性是连续的,比如掷骰子时落地的位置,下雨时的降雨量,这些事件称为**连续事件**,相应的概率分布称为**连续概率分布**,连续概率分布一般用一个**概率密度函数**来表示。

高斯分布是最简单的连续概率分布,其概率密度函数是一个高斯密度函数,只有一个峰。**混合高斯密度**(Mixture Gaussian Density)是最常见的多峰概率密度函数,由若干个高斯分布叠加而成。

3.3.3 N-Gram 语言模型

语言模型的作用是描述语言中词与词的搭配规律。对语音识别而言,一种发音可能对应很多词,语言模型可以提供一种约束,帮助识别系统选择符合搭配规律的词。N 元文法(N-Gram)是目前应用最广泛的语言模型,这一模型刻画的是给定 $N-1$ 个前序词,后接某个单词的概率。以 3-Gram 为例,给定前两个词为"我/吃/",后接的词可以有很多选择,每种选择在实际中出现的概率各不相同,如:

我/吃/水果 0.1
我/吃/鱼 0.2
我/吃/太阳 0.0000003
我/吃/很 0.000001
我/吃/去年 0.00000004
......

这些概率即构成了一个 3-Gram 语言模型。N-Gram 语言模型为语音识别提供了一种"柔性"规则：当声学模型打分相近时，通过 N-Gram 模型可以选择出更符合语言规则的解码结果。

3.3.4　解码过程

现代语音识别系统的解码过程本质上是一个搜索过程：给定一段语音，在所有可能的句子中进行搜索，找到和该语音最匹配的句子。这里的匹配既需要考虑声学模型对语音信号的生成概率，也要考虑语言模型给出的词间搭配概率。考虑到单词组句的灵活性，这一搜索空间是非常巨大的。因此，一般采用一种称为**剪枝**的搜索策略：将语音特征向量依次输入解码器，每接收一个新的语音帧，解码器需要考虑加入一个新的音素或单词，这意味着搜索空间的扩展。为防止这种扩展失控，每次扩展后只保留当前匹配度最高的候选句子，这一过程称为**剪枝搜索**。

为进一步简化解码过程，当前的语音识别系统通常采用一种称为有限状态转移机（Finite State Transducer，FST）的结构来整理搜索空间。FST 的基本功能是将一个输入序列映射到输出序列，基于这一功能，可以构造一个由语音帧序列映射到词序列的 FST，并将声学模型和语言模型的概率集成到这一映射过程中。解码时，只需在该 FST 中搜索出概率最大的一条路径即可得到解码结果，因此极大地提高了解码效率。

延伸阅读

简单来说，FST 是一幅状态转移图，图中节点表示状态，节点间的有向连接表示一次状态转移过程，每次转移被赋予一定的概率值。如果转移成功，将吸收一个输入，同时生成一个输出。图 3-11 给出了由拼音到汉字序列的一个 FST。该 FST 中任何一条路径对应一个输入序列（拼音串）和一个输出序列（汉字串），路径中所有转移所对应的概率值的乘积即为由该拼音串映射到该汉字串的概率。

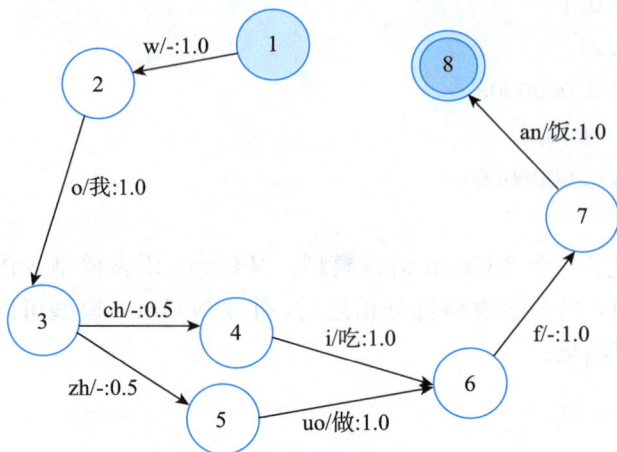

图 3-11　用 FST 表示的由拼音到汉字的序列映射

注：每个圆圈节点代表一个状态，灰色单圆圈代表初始状态，灰色双圆圈代表结束状态。每条有向连接代表一次状态转移，该转移被赋予一定概率值，转移成功后将吸收一个输入，同时生成一个输出。如图 3→4 的上方连接"ch/-:0.5"表示由状态 3 转移到状态 4 将吸收一个输入 ch，同时产生一个空字符串"—"，该转移的概率为 0.5；4→6 的上方连接"i/吃:1.0"表示由状态 4 转移到状态 6 吸收一个输入 i，同时产生一个汉字"吃"，该转移的概率为 1.0；从初始状态到结束状态的任意一条路径表示一次完整的序列映射过程。例如图中的路径 1→2→3→4→6→7 即代表由"w o c h i f a n"到"我吃饭"的映射，其概率为 $1 \times 1 \times 0.5 \times 1 \times 1 \times 1 = 0.5$。

3.4　基于深度学习的语音识别

如前所述，GMM-HMM 模型包含很多人为假设，这些假设与语音信号的实际生成情况不一定相符。为了解决这一缺陷，研究者提出了很多复杂的结构，希望可以对语音信号有更准确的描述。但是，这些基于概率模型的方法，依然保留了很多不真实的人为假设，因此在描述语音信号方面依然存在性能上限。

自 2009 年以来，研究者将深度神经网络（DNN）引入到语音识别领域，试图突破概率模型的固有缺陷。这一过程可分为三个阶段：第一步，利用 DNN 来提取更有效的特征，以代替传统的 MFCC；第二步，用 DNN 代替 GMM 计算 HMM 中每个状态的概率；第三步，用递归神经网络（RNN）代替 HMM 描述发音过程的动态变化。

3.4.1　DNN 特征提取

在第 2 章我们细致了解了 DNN 模型，讨论过这一模型的一个显著优势是可以从原始数据中提取出和目标任务相关的典型特征。基于这一思路，研究者提出利用 DNN 特征代替 MFCC 进行声学建模。

　　在 3.3 节我们提到过,MFCC 是统计模型时代的标准特征。MFCC 可以提取声道特性,对发音内容具有区分性。然而,这一特征受噪声干扰较大,在实际应用场景中区分度会下降。DNN 特征是从原始数据(可能是 MFCC,也可能是其他初级特征)中通过学习自动发现的特征,具有更强的区分性。图 3-12 给出了两种特征的对比,从中可以明显看出 DNN 特征比 MFCC 特征具有更强的音素区分性。

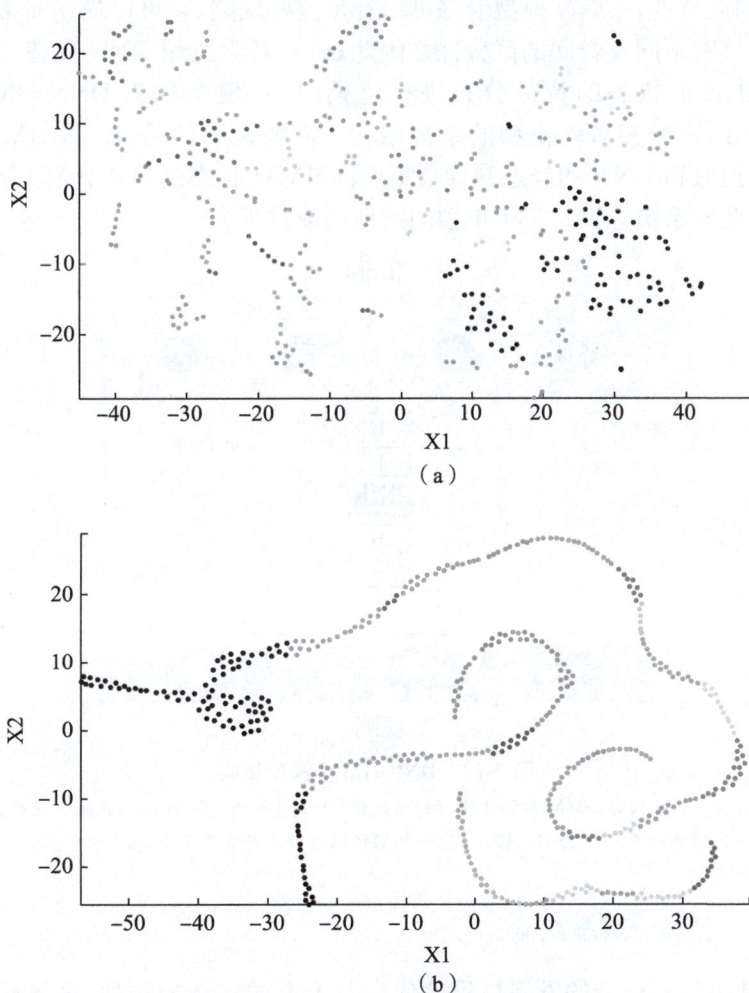

（a）

（b）

图 3-12　将 MFCC 特征(a)和 DNN 特征(b)通过 t-SNE
技术映射到二维空间的特征向量分布图

注：图中句子为"太阳光芒万丈,却不及蜡烛只为一个人发亮"。每种灰度代表一个音素,每个点代表一个语音帧。从图中可以看到,DNN 特征比 MFCC 特征显示出更强的规律性,对音素的区分性更好。同时可以看到,在 DNN 特征图上,同一音素在不同上下文环境中也有明显区别。例如,"太阳"中的/ang/和"光芒"中的/ang/在图中处于不同位置。

基于 DNN 特征建立的 GMM-HMM 系统,虽然整体架构和模型性质都没有改变,但特征的区分性增强了,因此显著提高了系统性能。

3.4.2 DNN 静态建模

GMM 模型在静态建模方面有两个显著缺点,一是对复杂发音需要大量高斯分布才能实现较好的描述,效率不高;二是仅关注对发音本身的描述,不关心不同发音之间的区分性。DNN 模型恰好可以补足这些缺陷,它可以描述非常复杂的发音,且天然具有不同发音间的区分性。因此,研究者尝试用 DNN 代替 GMM 模型对 HMM 中每个状态的特征分布进行建模,这一模型称为 DNN-HMM 模型。图 3-13 给出 DNN-HMM 模型的系统结构。需要说明的是,DNN-HMM 模型将 DNN 特征提取和 DNN 的静态建模(即每个 HMM 状态的概率计算)合并成了一个网络,因此该系统并没有一个单独的特征提取过程。

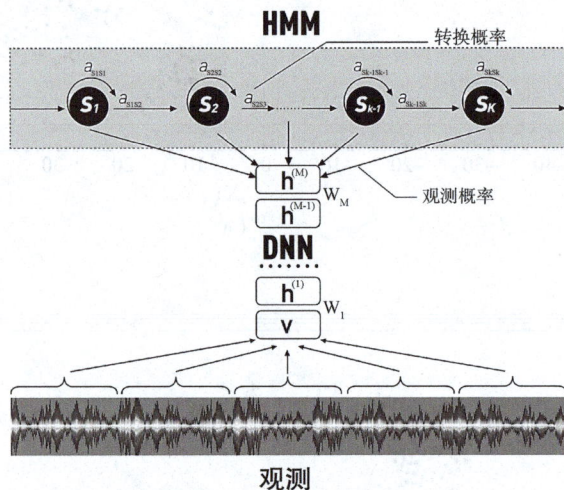

图 3-13 DNN-HMM 模型结构

注:用 DNN 代替 GMM 对语音进行静态建模,即描述每个 HMM 状态的概率分布。这里的 DNN 网络已经集成了 DNN 特征提取和 HMM 状态概率计算两项功能。

3.4.3 RNN 动态建模

HMM 模型将语音的发展过程简化为若干离散状态的序列,这显然不符合发音过程连续变动的实际情况。因此,研究者试图用一种连续动态模型取代 HMM,**递归神经网络**(RNN)正是这样一种模型。

RNN 是神经网络的一种,由 Jordan 等在 80 年代提出。和标准前向神经网络(如多层感知器 MLP)相比,RNN 在节点上加入了一个反馈连接,接收上一时刻的信息,因此具有记忆功能,如图 3-14 所示。和标准前向神经网络相比,RNN 可以学习时序上的相关性,因此常用于对序列进行建模。

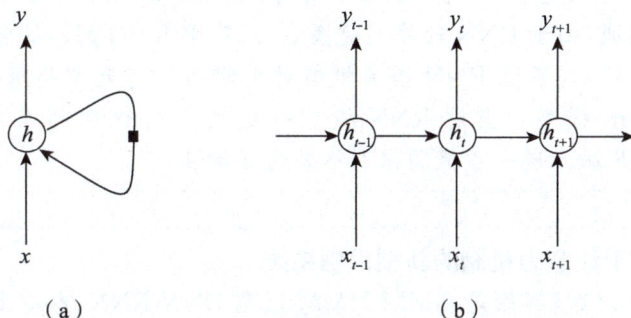

图 3-14　一个简单的递归神经网络(RNN)结构图

注:(a)代表某一时刻的网络状态,其中隐藏节点 h 除了接收当前时刻的输入 x 外,还接收上一时刻的 h 值。注意图中的反馈连接中,黑色方块代表一次时间延迟。这一网络可以按时间展开,如(b)所示。从图中可以看到每一时刻的网络输出都与此前所有时刻的输入相关。RNN 模型常用来对序列数据进行建模。

从 2013 年开始,研究者提出用 RNN 代替 HMM 对语音信号进行动态建模,并取得了非常好的效果,这事实上终结了自 1980 年以来 HMM 模型在语音识别领域的统治地位。图 3-15 是百度公司 DeepSpeech 系统的模型结构图,该结构采用一个 DNN-RNN 网络预测每一帧语音对应的音素。注意该结构中的 RNN 包括前向(句首到句尾)和后向(句尾到句首)两个方向,用来学习语音中的历史相关性和未来相关性。实践表明,这种双向 RNN 结构对语音动态性的描述更准确。

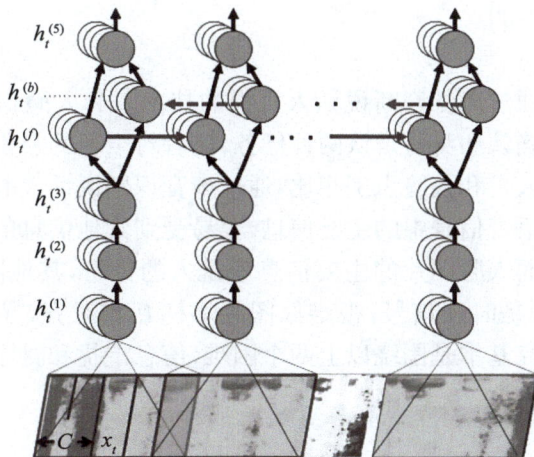

图 3-15　百度公司的 DeepSpeech 系统

注:下面三层是前向神经网络,后面一层是双向 RNN 网络,最后一个全连接层对发音音素进行预测。

延伸阅读：**RNN 语言模型**

前面所述的深度学习模型（不论是前向 DNN 还是 RNN）都属于声学模型。在语言模型领域，由于 RNN 的序列建模能力，基于 RNN 的语言模型也引起了人们的极大关注，只不过 RNN 语言模型对生僻词具有天然局限性，还无法完全取代 N-Gram 模型。当前 RNN 模型一般用来对识别结果作后处理，在 N-Gram 模型基础上进一步提高识别结果的可读性。

延伸阅读：**基于注意力机制的新型识别系统**

传统语音识别，不论是 GMM-HMM 还是 DNN-RNN，本质上都是自底向上的：首先从每一帧语音信号中提取出音素信息，再通过这些音素信息搜索合适的句子。然而，人类在感知语音时很可能不是这样的：我们首先对听到的内容有个预期，在聆听过程中依据已经听到的内容调整我们的预期，并依此得到对语音的理解。这一过程是自顶向下的，语音信号本身只是一种参考信息，而不是我们聆听的基础。基于这一思路，研究者提出了基于注意力机制的语音识别方法。该方法类似于我们听到一段话后进行默写的过程：首先在脑海里对这段话进行理解，然后基于自身的知识背景对所理解的内容进行默写。在默写过程中，边写边回忆脑海中的记忆，直到完成默写。基于注意力机制的识别系统从宏观上把握识别过程，有望成为新一代识别系统的基础架构。

3.5　说话人识别

说话人识别是通过声音判断说话人身份的技术。和人脸识别一样，说话人识别也可以分为身份确认和身份辨认两种任务，前者对声音的身份进行判断，后者从数据库中找出发音人。和人脸识别相比，通过声音识别说话人有两个难点。第一，说话人信息并不是语音信号中的主要信息，容易受到其他信息的干扰，特别是发音内容和发音方式。而人脸图片的主要信息就是人的身份，其他因素的影响相对较小。第二，语音信号是时序信号，很难像图片那样互相对齐，导致模式匹配困难。对说话人识别的研究基本是围绕以上两个困难（信息干扰和时序对齐）展开的。

3.5.1　传统 GMM-UBM 系统

传统说话人识别方法基于 GMM-UBM 模型。简单来说，通用背景模型（Universal Background Model，UBM）将发音空间划分成若干子区域，每个子区域近似对应一种发音（如一个音素），并用一个高斯分布表示，因此，UBM 模型中包含多个高斯分布,是一个 GMM 模型。对说话人建模时,将 UBM 的每个高斯成分做少量偏移,得到新的 GMM 模型即可代表该说话人。这一建模过程如图 3-16 所示。

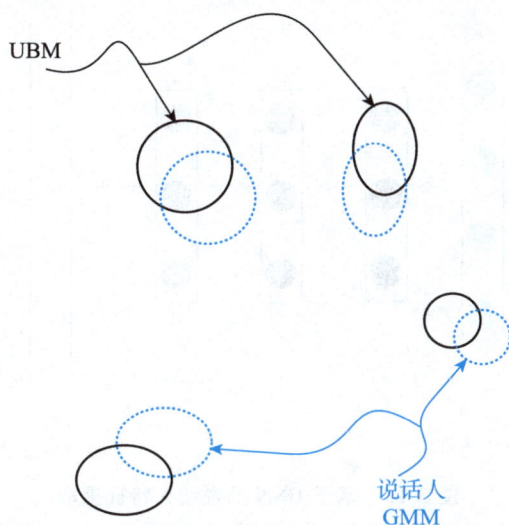

图 3-16 用于说话人识别的 GMM-UBM 模型

注:其中每个黑线圈代表发音空间的一个子区域,每个子区域由一个高斯分布表示。所有黑线圈组成了一个对发音空间的划分,即 UBM 模型。所有蓝线圈组成了一个说话人 GMM 模型,每个蓝线圈以 UBM 中相应的黑线圈为基础作少量偏移得到。

GMM-UBM 模型是如何解决说话人识别中的两个困难的呢? 一方面,将发音空间分为发音子区域,意味着在提取说话人特征(即在 UBM 上的偏移)之前首先对发音内容进行了确认,从而排除了发音内容这一最大的干扰因素;另一方面,该方法将不同时刻的类似发音都归结到同一个发音子区域内,这事实上是提供了一种对齐方法。因此,GMM-UBM 模型实际上是通过对发音空间进行划分来解决说话人识别中信息干扰和时序对齐两个难点的。

3.5.2 基于 DNN 的说话人识别系统

GMM-UBM 方法考虑到语音信号中不同信息的互相影响,试图建立一种统计模型对这些信息进行分离。深度学习发展起来后,研究者提出了基于 DNN 的识别方法,这一方法的基本思路是利用 DNN 的特征学习能力从原始数据中提取对说话人具有区分性的特征。

图 3-17 给出了一个用于说话人特征提取的 DNN 网络。该网络的输入是原始语音帧,输出是训练集中的所有说话人。训练完成后,该网络即可实现从原始语音帧到说话人特征的逐层提取,而且越到后面,发音内容、信道等干扰因素被滤除得越干净,说话人信息也越显著。因此,可以将最后一个隐藏层节点的输出作为帧级

别的说话人特征,称为**深度说话人特征**。

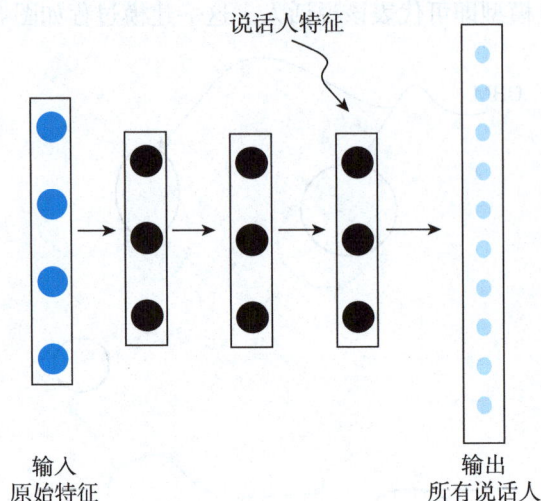

图 3-17　基于 DNN 的说话人特征提取

注:网络的输入为原始语音帧,输出为训练集中所有说话人,训练准则是使提取到的特征
在说话人之间的区分性最大化。

图 3-18 显示了深度说话人特征对不同说话人的区分性。图中每个点代表由
0.3 秒语音片段中提取出的说话人特征,每种灰度代表一个说话人。从图中可以
看到,即使短到 0.3 秒,深度说话人特征依然具有很强的区分性。

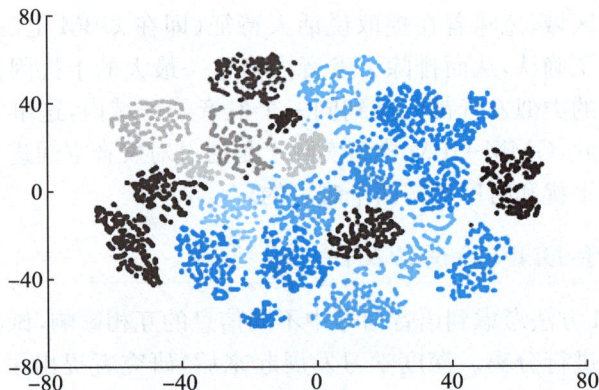

图 3-18　深度说话人特征在二维平面上的投影

注:每种灰度代表一个说话人,每个点代表一帧语音(计算上下文信息后共计 0.3 秒)。从
图中可以看到深度说话人特征对说话人有明显区分性。

基于深度说话人特征可以构造说话人识别系统。一种简单的方法是将一句话
中所有帧的深度说话人特征平均起来,即可得到句子级的说话人向量。近年来,基

于 DNN 的说话人识别方法取得了一系列进展,研究者提出了很多新的网络结构、新的训练准则、新的决策方式。直到今天,这一领域依然是研究的热点,很多重要问题还没有完全解决。

3.6　语音合成

语音合成是由文字生成声音的过程,通俗来说,就是让机器按人的指令发出声音。早在 1769 年,匈牙利发明家沃尔夫冈·冯·肯佩伦(Wolfgang von Kempelen)就建造了一台会说话的机器,如图 3-19 所示。这台机器用机械装置模拟人的发音机理,通过风箱驱动簧片产生声音。1845 年奥地利发明家约瑟夫·法伯(Joseph Faber)发明了 Euphonia,通过键盘可以发出声音。这些早期发声机器用机械装置模拟人的发音过程,清晰度较低,只能发出一些简单音素和单词。

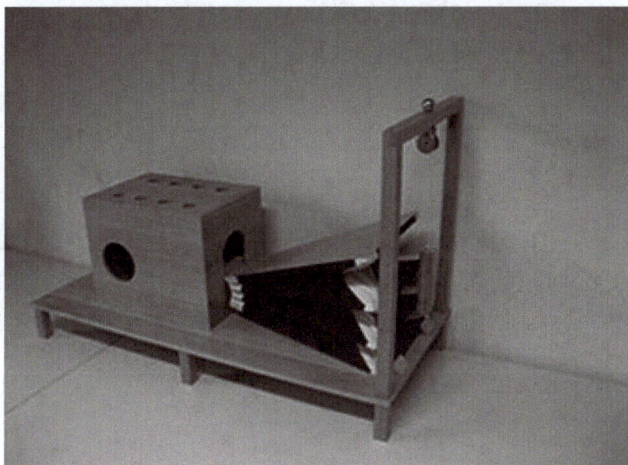

图 3-19　德国萨尔布吕肯大学于 2007—2009 年重现的 Kempelen 发声器

计算机发明以后,语音合成技术开始快速发展。按时间顺序,语音合成方法可归纳为**参数合成**、**拼接合成**、**统计模型合成**和**神经模型合成**四种。下面来简单了解一下这些合成方法。

3.6.1　参数合成

1930 年,贝尔实验室发明了声码器,将声音分解成声带激励和声道调制两部分(即本章开始提到的激励—调制模型),为基于信号处理的语音合成提供了基础。早期的合成方法通过调整声道的共振峰参数发出不同声音,称为参数合成。DEC公司推出的 DECTalk 是这种合成方法的典型代表,如图 3-20 所示。参数合成的优点是计算量小,可调节性高;缺点是参数调节困难,生成的声音自然度较低。

图 3-20　1984 年美国 InfoWorld 报道 DECTalk

注：DECTalk 一直是著名科学家霍金的发音助手。

3.6.2　拼接合成

20 世纪 90 年代,随着大规模语音库的积累,基于拼接的合成方法成为主流。这一方法将事先录好的语音切分成发音片段(一般为音素),在合成时从这些片段中选择合适的候选进行拼接组成句子。图 3-21 给出了一种称为单元选择的拼接合成方法。拼接合成的语音质量高,清晰自然,但需要较大规模的语音库,录制成本较高。

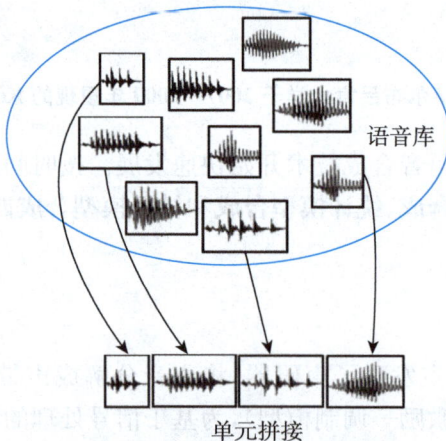

语音库

单元拼接

图 3-21　基于拼接的语音合成

注：合成时从语音库中选择合适的发音片段进行拼接。选择发音片段时需要考虑该片段是否符合上下文约束的发音要求,还需要考虑是否可以和其他片段实现自然拼接。图片设计基于 HTS slides。

3.6.3　统计模型合成

进入 21 世纪,统计模型方法开始受到重视。该方法为每个发音单元建立一个统计模型,在合成时仅利用这些模型进行生成。由于在合成时不需要语音库,基于统计模型的合成系统通常比较精简。

基于隐马尔可夫模型(HMM)的统计模型方法是这一时期的主流。这种方法对每个发音单元建立一个 HMM 模型,在合成时将句子中所有音素的 HMM 模型拼接起来形成一个组合模型,由该模型生成最匹配的语音(可参考语音识别中由 GMM-HMM 模型生成语音过程的说明)。

事实上,HMM 合成系统首先利用声码器将声音分解成声带激励和声道调制两部分信号,对这两部分信号分别建立 HMM 模型,再利用这些模型分别生成激励和调制,最后利用声码器合成出声音。图 3-22 给出了一个基于 HMM 模型生成声道调制信号的过程。

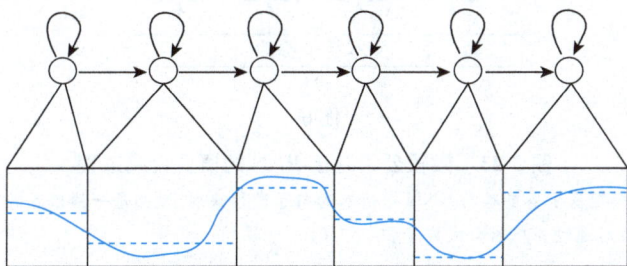

图 3-22　基于 HMM 模型生成声道调制信号的过程

注:为表示清楚,图中只显示对信号中的一维数据进行生成的过程。每个圆圈代表一个 HMM 状态,箭头标出每个状态要生成的语音片段。下方两条水平平行线间的竖线表示每一帧的生成值。实际生成时,首先估计出每个音素中每个状态要生成的帧数,再对每个状态进行生成(图中虚线)。考虑到前后帧的相关性,应对生成的语音帧进行平滑,即得到图中的生成曲线。图片设计基于 HTS slides。

3.6.4　神经模型合成

在讨论语音识别时已经知道,HMM 模型不能描述复杂的发音现象。当数据量增加时,基于 HMM 的语音合成系统的性能遇到了瓶颈。为此,研究者提出基于深度神经网络(DNN)的语音合成方法。这一工作由香港中文大学、微软公司、谷歌公司于 2013 年提出。在这些模型中,研究者用神经网络取代 HMM 模型来预测每一帧语音的激励和调制信号,再通过声码器合成自然语音。2014 年以后,研究者对这一模型进行了扩展,提出了基于 RNN 的合成系统。RNN 模型可以学习发音过程中的前后相关性,从而得到更平滑自然的发音。图 3-23 所示为微软公司发表的基于 RNN 的合成系统示意图。

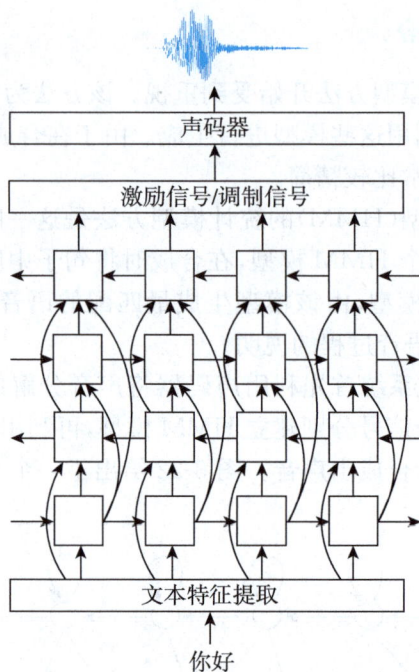

图 3-23　微软公司基于 RNN 的语音合成过程

注：该模型基于多层双向 RNN 对输入的句子进行映射,预测每一帧语音的激励和声道
调制信号,最后通过声码器合成声音。

近年来,基于神经模型的语音合成取得长足进展,其中基于注意力机制的语音合成系统最受瞩目。前面已经讨论过,基于注意力机制的语音识别类似于倾听—理解—默写的过程,与此类似,基于注意力机制的语音合成可类比人类的阅读—理解—复述过程。首先,用一个双向 RNN 将要发音的文本编码,这类似于阅读和理解;之后基于另一个 RNN 逐一生成每个语音帧,类似于对脑海中的记忆进行复述。在每一步生成时,系统基于注意力机制定位到要发音的文本,并利用该文本的信息指导生成过程。这一方法的另一个创新之处是在预测时直接生成频谱,而不是激励—调制信号。频谱信号再送入一个深度神经网络,直接得到时域波形,这一神经网络称为神经声码器。与传统的基于激励—调制原理的声码器相比,神经声码器可以合成更细腻、更自然的声音。

3.7　语音技术的应用场景

1. 人机交互

语音是人与机器最便捷的交互方式,因此语音识别与合成广泛应用于人机交互中。语音技术大范围应用是从苹果公司的 Siri 语音对话系统开始的。之后,语音交互被广泛应用在智能音箱和车载导航设备上,给人们的生活带来了极大便利。近年来,随着技术的进步,语音处理模型轻量化取得显著进展,越来越多地被移植到中高档芯片中,为终端设备的语音交互提供了可能。目前,能听会说的家电已经走入千家万户,如空调、电视、冰箱、油烟机等,甚至台灯、玩具赛车等计算资源极低的设备也有了语音命令接口。终端上的语音交互计算不仅极大扩展了语音技术的应用范围,同时也减轻了网络传输和云端服务器的压力,成为一种新的技术发展趋势。

2. 认证与安全

通过语音鉴别身份在司法实践中有重要应用。早期的方法是将嫌疑人与犯罪现场的声音都转换成频谱图,由人类专家来比对这些频谱图的差异,从而判断声音是否来自同一个人。这种方法显然具有一定的主观性。声纹识别技术发展起来以后,人们利用声纹识别系统输出两个音频属于同一个人的概率,增加了客观性,但声纹识别系统本身的误差可能带来误判。目前,司法专家对于声纹证据持谨慎态度,只作为参考信息。

近年来,声纹识别技术发展很快,在一些非关键的身份认证场景中得到应用。例如,有些智能音箱带有声纹识别模型,可以识别家庭成员,在对话时可以做到个性化处理。比如,如果对话的是个小孩子,在内容推荐上就会偏向低幼,并阻止一些有风险的行为,如购物支付等。除此之外,基于声纹的认证技术在银行转账、即时通信软件登录、门禁安防等场景的应用也逐渐增加。基于多模态信息的认证方法近年来受到更多关注,例如在签定合同时录制一段双方同意的音视频资料,后续可以通过人脸识别和声纹识别进行双重身份认证,同时发音内容又可以明确合同双方的真实意图。

3. 媒体文娱

深度学习技术的最新进展推动了声音生成技术的进步,不仅可以合成逼真的人类语音,还可以对某一目标人的声音进行模仿。例如,最近一款名为"AI 孙燕姿"的软件,已经用歌手孙燕姿的声音唱了上千首歌了。另外,现在的技术不仅可以合成人类声音,还可以合成自然界的声音,如雷声、风声、鸟鸣等,这些合成技术在影视制作中有很好的应用前景。越来越逼真的合成声音可能带来潜在的社会风险,一些不法份子可能利用合成的声音进行虚假宣传或诈骗,需要我们提高警惕。

3.8　AI 实践:语音信号处理

AIDemo 提供了一个轻量级的程序 SpeechSeparation,读者可以通过这个例子加深对语音信号处理过程的理解。SpeechSeparation 是一个语音分离程序,输入一个多音源混杂的语音,该程序可以将每个音源的声音分离出来。

语音信号
处理实践

3.8.1 实践说明

语音分离在语音信号处理中具有重要意义。事实上,我们日常听到的声音通常都是多个音源混杂在一起的,有些是不同人的声音混杂,有些是人声与噪音或乐音的混杂。音源混杂给语音信息处理(如语音识别,说话人识别)带来极大挑战,因为混杂的语音互相干扰,使原本清晰的声音变得混乱。为了将不同音源的声音互相分开,可以利用多个麦克风同时录音,利用不同音源在各个麦克风之间的时空信息来定位和分离某一音源的声音,这种方法通常称为多信道法(Multi-Channel Approach)。另一种方法是基于单一麦克风录音,利用每个音源的独特模式或各自的信号连续性对不同音源进行分离,这一方法称为单信道法(Single-Channel Approach)。

本节的实践任务将基于最近提出的深度聚类(Deep Clustering)方法对混杂语音进行分离。这一方法的基本思路是将声音转化为频谱图,将该图上每个时-频块(TF)通过一个深度神经网络映射到一个特征空间,使得在该特征空间中各个 TF块的相邻矩阵与依实际标注得到的相邻矩阵尽可能相似。基于这一特征空间,对混合语音的 TF 块进行聚类,再将同一类的 TF 块选出来作为一个声源的频谱,即可实现语音分离。

3.8.2 实践步骤

查看该实践程序代码文件的方法如下。

(1) 在 AIDemo 虚拟机桌面上右击,选择"打开终端"。

(2) 用 linux 命令进入 speechSeparation,查看文件夹内容,如图 3-24 所示。

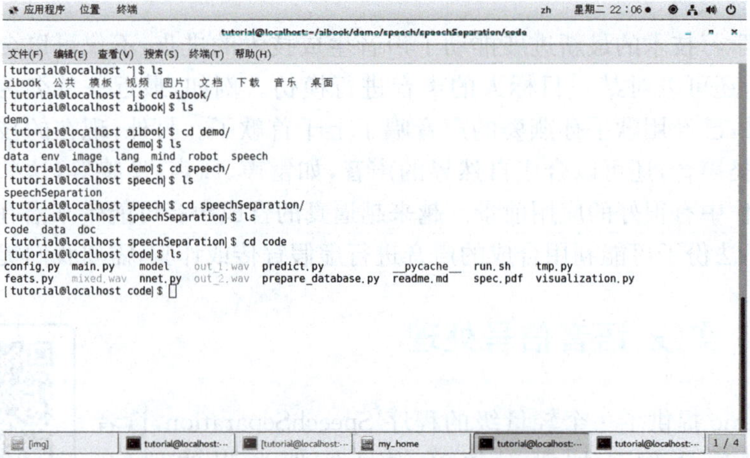

图 3-24　查看 speechSeparation 文件夹

(3) 查看 run. sh 程序,如图 3-25 所示,可以发现该过程将调用如下 Python 命令:

```
python3 main.py model/speech_model.h5 ../data/speech_separate/01u/
01ua010a.wav ../data/speech_separate/20r/20ra010a.wav
```

上述命令将 01ua010a.wav 和 20ra010a.wav 两个声音文件进行混合,得到混合语音文件 mixed.wav,再对该混合语音利用 DeepCluster 算法进行分离,得到分离后的两路声音,保存成输出文件 out_1.wav 和 out_2.wav。

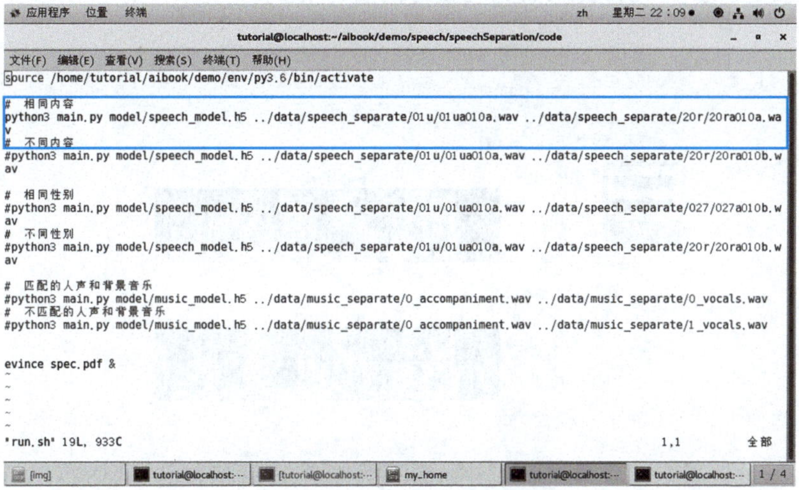

图 3-25　查看 run.sh 程序

注:蓝框内为默认配置的运行命令。

(4) 查看 main.py 程序,如图 3-26 所示,这是 run.sh 所调用的 python 代码,可以看到程序的运行过程。

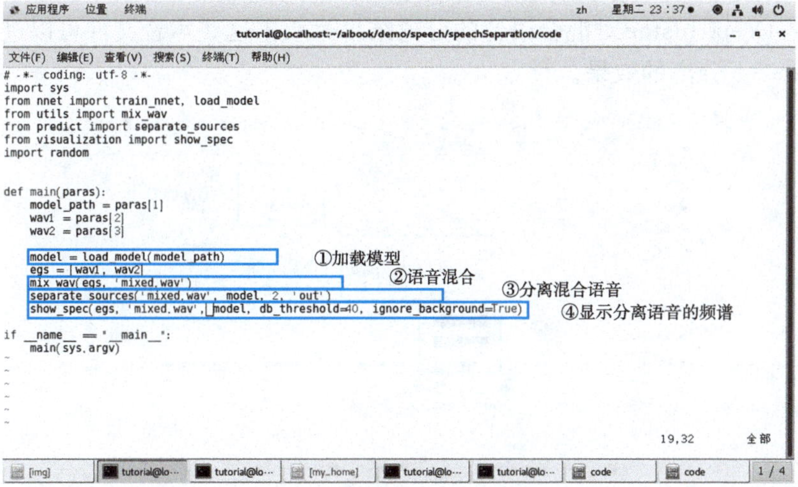

图 3-26　查看 main.py 程序

实践任务 1：运行默认配置

打开终端窗口，进入 speech/speechSeparation/code 文件夹。运行 run.sh 程序，即可观察到 DeepCluster 的分离效果，如图 3-27 所示。其中，图中上面一张频谱图是基于 DeepCluster 得到的 TF 标记结果，下面一张频谱图是依实际标注（即哪个 TF 属于哪个音源）得到的 TF 标记结果。由图可见，DeepCluster 算法可以实现准确度较高的 TF 聚类，从而实现较好的音源分离。

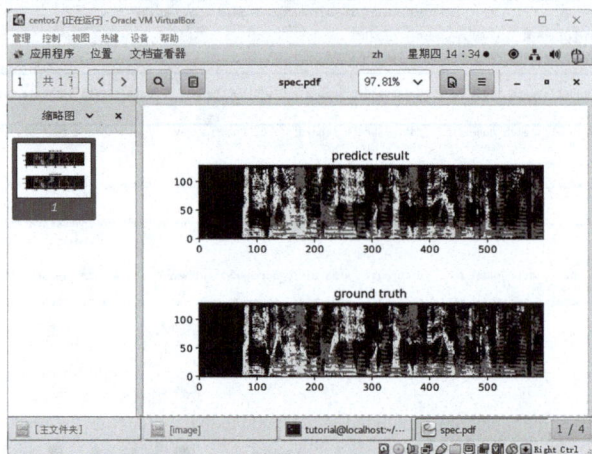

图 3-27　基于默认配置的 speechSeparation 运行结果

注：如果不考虑颜色，则两幅图是一样的，都是混合语音的频谱图。DeepCluster 算法将该频谱图划分为 TF 块，并对每个 TF 块进行标记，同一个音源的 TF 块标成同一种颜色。

程序还会生成 mixed.wav、out_1.wav 和 out_2.wav 三个声音文件，如图 3-28 所示。其中，mixed.wav 是原始两路声音混合在一起后的声音，out_1.wav 和 out_2.wav 是 DeepCluster 对混合语音的分离结果。双击这些声音文件可以进行播放，直观感受一下分离的效果。

图 3-28　speechSeparation 默认配置运行后生成的文件

实践任务 2:体验不同场景下的分离效果

实践任务 1 中的两个声音文件 01ua010a. wav 和 20ra010a. wav,来自一男一女两个人,且说话内容不同,因此声音之间的差异性比较大,DeepCluster 的分离效果较好。本实践任务探讨在相对复杂的条件下 DeepCluster 方法的分离性能。下面的实践步骤均需通过修改 run. sh 完成。

(1) 说话内容对分离效果的影响。

通过修改 run. sh,比较 DeepCluster 对内容相同的混合语音和内容不同的混合语音的分离效果。图 3-29 所示为修改方式,图 3-30 所示为两者的对比。仔细观察这两组结果,并试听分离的声音,讨论说话内容对分离效果的影响。

```
# 相同内容
#python3 main.py model/speech_model.h5 ../data/
speech_separate/01u/01ua010a.wav ../data/speech_separate/20r/20ra010a.wav
# 不同内容
#python3 main.py model/speech_model.h5 ../data/
speech_separate/01u/01ua010a.wav ../data/speech_separate/20r/20ra010b.wav
```

图 3-29　说话内容对分离效果的影响 run. sh 程序修改

注:先运行上面的命令(去掉 python 前的♯号),再运行下面的命令。对比两次运行的结果。

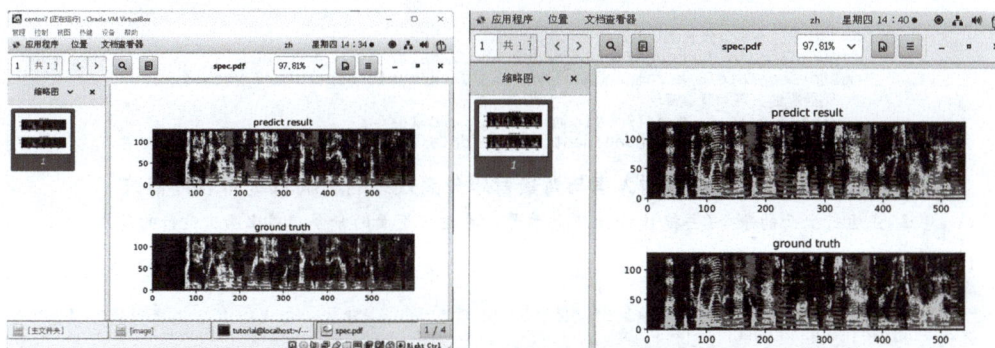

图 3-30　内容相同(左)和内容不同(右)的两段语音混合后的分离结果

(2) 观察说话人性别对分离效果的影响。

通过修改 run. sh 程序,比较 DeepCluster 对同性别混合语音和不同性别混合语音的分离效果。图 3-31 所示为修改方式,图 3-32 所示为两者的对比。仔细观察这两组结果并试听分离的声音,讨论混合语音中说话人性别对分离效果的影响。

```
# 相同性别
#python3 main.py model/speech_model.h5 ../data/
speech_separate/01u/01ua010a.wav ../data/speech_separate/027/027a010b.wav
# 不同性别
#python3 main.py model/speech_model.h5 ../data/
speech_separate/01u/01ua010a.wav ../data/speech_separate/20r/20ra010b.wav
```

图 3-31　说话人性别对分离效果的影响 run. sh 程序修改

注:先运行上面的命令(去掉 python 前的♯号),再运行下面的命令。对比两次运行的结果。

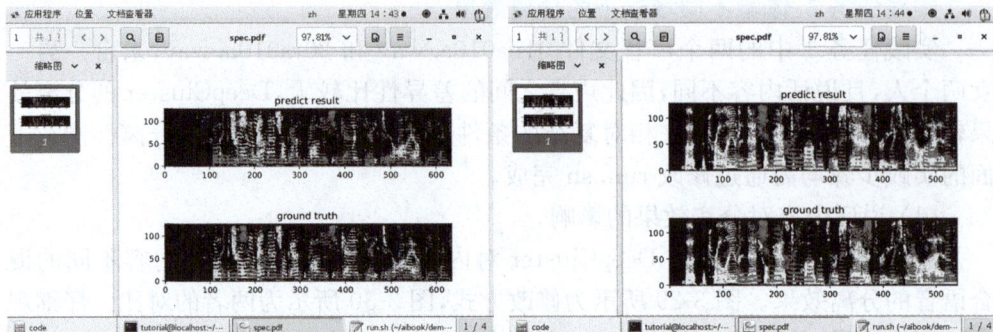

图3-32　性别相同(左)和性别不同(右)的两段语音混合后的分离结果

（3）观察音调匹配性对人声与背景音乐分离效果的影响。

通过修改 run. sh 程序，尝试分离人声和背景音乐，对比人声与音乐音调匹配、人声与音乐音调不匹配两种场景下的 DeepCluster 分离效果。图 3-33 所示为修改方式，图 3-34 所示为两者的对比。仔细观察这两组结果并试听分离的声音，讨论音调匹配性对人声与背景音乐分离的影响。

```
# 匹配的人声和背景音乐
#python3 main.py model/music_model.h5 ../data/
music_separate/0_accompaniment.wav ../data/music_separate/0_vocals.wav
# 不匹配的人声和背景音乐
#python3 main.py model/music_model.h5 ../data/
music_separate/0_accompaniment.wav ../data/music_separate/1_vocals.wav
```

图3-33　音调匹配性对人声与背景音乐分离效果的影响 run. sh 程序修改

注：先运行上面的命令(去掉 python 前的♯号)，再运行下面的命令。对比两次运行的结果。

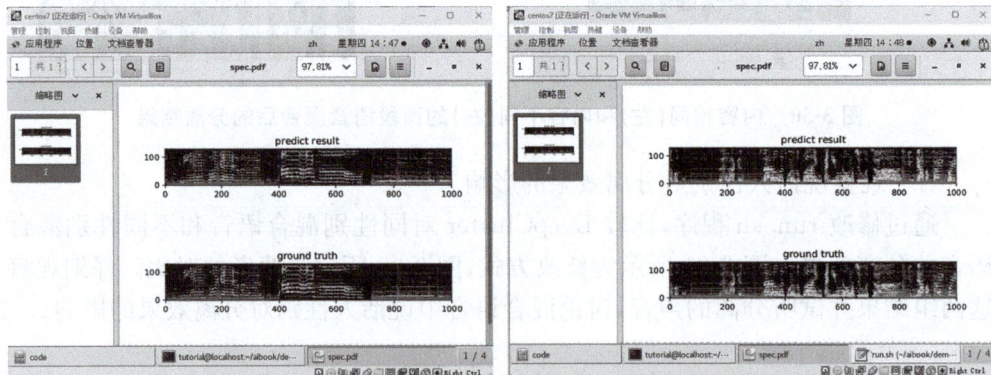

图3-34　人声与音乐在音调匹配(左)和音调不匹配(右)两种情况下的分离结果

实践任务 3：分离自己的声音

录制你和朋友的混合声音，上传到 AIDemo 虚拟机，对该混合声音进行音源分离。通过实践，可以发现你和哪位朋友的声音更相像（相像意味着更不容易被分离）。实践时，可以把你和朋友的声音上传到 speechSeparation/code/tmp，分别取名为 0. wav 和 1. wav，再修改 run. sh 程序如图 3-35 所示。

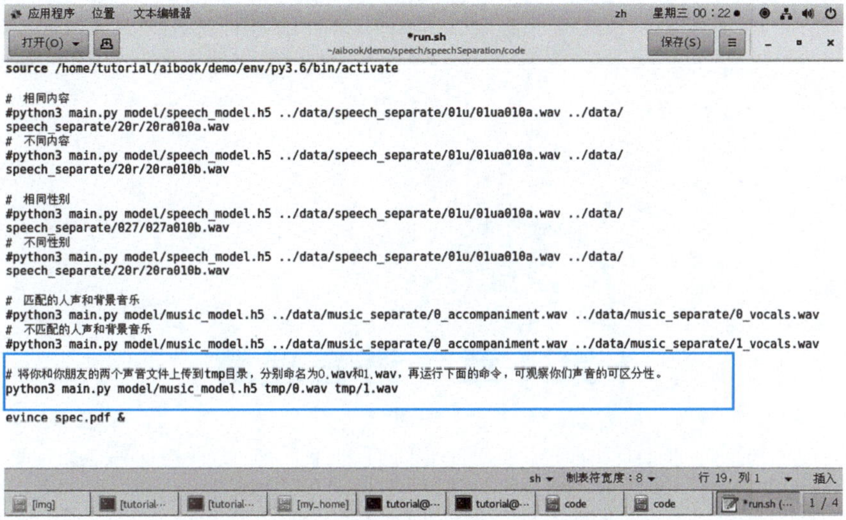

图 3-35　run. sh 程序中分离自己声音的命令

运行 run. sh 程序，即可观察到分离结果。

思考题

（1）语音识别的基础框架包括哪些内容？

（2）说话人识别和人脸识别有哪些不同之处？

（3）如何让机器发出声音？

第 4 章 　 语言理解

　　语言是人类特有的能力,集中体现了人的智能性。据统计,地球上有将近7000 种语言,其中有 2000 多种语言有书面文字。不论是否有文字,每种语言都有其独特的发音方式、组词规则、句法结构等,表现出非常复杂的各异性。人工智能的研究者一直把理解和掌握人类语言作为实现机器智能的重要目标。然而,人类语言是如此复杂,即使是人都需要长时间的学习才能掌握(大家可以回忆自己学习外语时的经历),让机器对其完全理解非常困难。但是在一些特定领域,对语言进行部分的、浅层的理解是可能的。第 3 章提到的 Siri 语音对话系统就是个典型的例子,它的背后是一个自然语言理解模块,可以对用户的输入进行理解和响应。另一个典型的例子是谷歌公司和百度公司等搜索引擎,可以根据用户的输入搜索相关网页。事实上,当前这些搜索引擎已经可以回答“奥巴马的爸爸是谁”这样的问题,如图 4-1 所示,说明机器对简单句子已经可以做到部分理解。

　　本章将讨论这些有趣的应用背后的技术。由于第 3 章已经介绍了语音识别的基础知识,基于该技术可以将语音转化为文字,因此本章将重点讨论基于文字的自然语言理解。我们将了解人类语言的复杂性,基于此讨论几种主流的语言理解方法;然后集中了解机器翻译技术,这一技术可能是自然语言处理中最有价值、目前应用最广泛的技术之一;最后,还将了解自然语言理解在搜索引擎、智能推荐系统及会话机器人方面的应用。

图 4-1　百度搜索"奥巴马的爸爸是谁"给出的答案

4.1　人类语言的复杂性

人们在用语言进行意思表达时，这种复杂性体现在结构、语义、知识、时空、应用等多个方面。理解语言复杂性是理解语言处理方法的前提。

4.1.1　结构复杂性

人们在用语言进行意思表达时，首先会在脑海中形成需要表达的意图（Intention），依据这些意图选择合理的表达方式（如因果方式，总分方式等）；在表达中的每一句话都有一个核心思想，基于此选择合适的词，并依据语法规则将这些词有序地组织起来，即形成了一段包含书写人意图的段落。这一过程包含了复杂的组织结构，这些结构具有丰富的层次性（词、小句、句子、段落）和复杂的依赖关系（词与词之间的相关性，小句与小句之间的语义关联，句子之间的逻辑连续性等），而这些丰富和复杂的元素被"嵌入"一串简单的文字序列中，成为一种形式简单，但信息量极大的特殊载体。例如下面这段话：

　　我们认真努力地工作，就会作出更大贡献，让我们的国家更强大。否则，别的国家就会看不起我们。

上面这段话没有任何生僻字，但包含丰富的说理过程。我们试着对该段话的表达方式进行分析，如图 4-2 所示。从整体上（第一层次）看，这段话表达了努力工作的重要性。为了表达这一意图，设计了具有让步关系的两个句子，从正、反两方面进行说理。每个句子（第二层次）形成一个独立的逻辑过程，以第一句话为例：

它包含了三个子句,构成了两次推理关系:"努力工作"→"作出贡献"→"国家强大"。每个子句(第三层次)是一个独立的意思表达,以"我们认真努力地工作"这一子句为例,其主要成分是一个主—谓表达:"我们工作",而"工作"之前加入修饰状语"认真努力",对工作方式进行了限定。最后,每个词(第四层次)都依赖一定的成词规则,有具体的词性和词义,例如"我们"是代词,意义并非特指己方,是由词素(第五层)"我"和"们"组成。

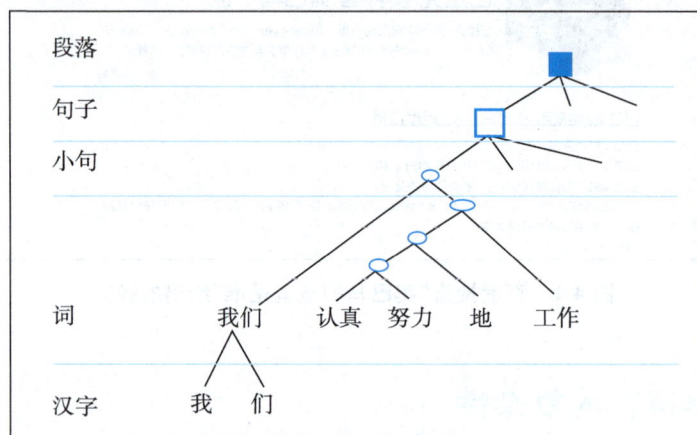

图 4-2 汉语表达的层次性

注:一个段落包含若干以语义关系组织起来的句子,组成表达单元;每个句子包含若干小句,组成完整的意思表达;每个小句由若干单词按语法结构组合而成;每个词由汉字按一定成词规则组合而成。

由上例可见,虽然是很简短的两句话,却包含了至少五个层次的信息组合。表达者需要对这些信息元素有很好的掌控能力,才能组织出一段通顺、合理的语句。有意思的是,我们每天都在运用这种能力表达我们的意图和思想,却没有意识到这种能力是多么强大。

更强大的是我们对一段话的理解能力。作为读者,看到的仅是一段连续的文字串,为了理解书写者的意图,还需要还原他在组织这段文字时所设计的各种逻辑顺序和语法结构,这一解析过程显然是非常复杂的,甚至比生成过程更加困难。现实生活中也常有这样的体验,读书时如果不集中精力,虽然每个字都读出来了,但对书中表达的意思却没有任何理解。这一现象说明语言具有形简而意丰的特点:形式上只是一串文字,但其中包含了复杂的语义和逻辑内容,对这些语义和逻辑进行解析需要付出很大精力。

4.1.2 语义复杂性

语义复杂性一方面来源于词本身的歧义性;另一方面来源于词与词互相结合时的结构歧义性。例如下面这句话:

我想起来了。

既可以理解成"我/想起来/了",也可以理解成"我想/起来了"。这里的歧义性既源于"想"和"起来"这两个词本身的歧义,也源于"起来"和"想"这两个词的结合方式。

另一个例子:

他在那儿看东西。

既可以理解成"看守东西",也可以理解成"用眼睛看东西"。这里的歧义性在口语中是不会发生的,但写成文字就会出现。

再举一个例子:

我要榨果汁。

可以理解成"我想要自己榨杯果汁",也可以理解成"我想点一杯榨果汁"。这里的歧义主要来源于"榨果汁"三个字在组词时的多义性。

最后一个例子:

研究所有东西。

可以理解成"研究所/有东西",也可以理解成"研究/所有/东西"。这里的歧义主要来源于"研究所有"这四个字的不同分词方式。

包含歧义的句子可以列举出很多,也是语言中的常见现象。在日常交流中,大部分歧义可以通过手势、表情、重音、对话环境等信息进行排除,一般不会产生特别大的影响。在书面语中,基于上下文可以排除部分歧义,但还是会有很多无法确定的情况出现。

4.1.3　知识复杂性

语言之所以复杂的另一个原因是语言中不仅包含语法结构和语义内容,还包含丰富的知识。例如下面这句话:

煤中含碳元素,不充分燃烧时会产生一氧化碳。一氧化碳进入人体和血红细胞结合,使血红细胞失去携氧功能,产生一氧化碳中毒。因此,我们在烧煤时要尽量保持通风,特别是在低压天气,要特别注意。

上面这段话同样没有生僻字,语法上并不复杂,逻辑上也比较通顺,但不少人读起来依然很困难。这是因为这段话里涉及了很多专业知识:对"一氧化碳"的认知和理解需要初级化学知识,对"血红细胞携氧"这一事实的理解需要初级生理学知识。如果缺少这些知识,厘清上面这段话的逻辑就比较困难。语言中携带的专业知识越多,就会显得越复杂,理解起来越困难。

4.1.4　时空复杂性

语言的另一种复杂性来源于不同地域、不同时代的人所使用语言的差异性。我们说过,全球有近 7000 种语言,每种语言都有其独特之处,这些语言被分成不同语系和语族,不同种类的语言差异很大。即使同一种语言,语言习惯也会随地域的不同而不同,典型的如英国英语和美国英语等。另外,同一种语言在不同历史时期在遣词造句方面也有很大差异,典型的如古代汉语和现代汉语,中世纪英语和现代英语等。这种时间和空间上的差异进一步增加了语言理解任务的难度。特别是在当今互联网时代,语言的活跃程度空前提高,新词、新用法层出不穷,这些新生内容不断丰富着我们的语言体系,也使语言更为复杂。例如,"微信我"这句话现在谁都能明白,但在二十年前就是病句,更不要提"活久见""人艰不拆"等"不明觉厉"的网络用语了。

4.1.5　应用复杂性

标准的书面语相对比较规范,但在一些实际场景下(如微信、论坛、微博等),人们所使用的语言很多时候是不规范的,拼写错误、句法错误等很常见,即便是正规出版物,出错也不可避免。如 2006 年有篇新闻标题为"消防安全隐患构建和谐粮库",明显有语义不通的问题。这些不规范用语使得语言理解任务更为复杂。特别重要的是,传统语言理解方法是基于句法分析的,其前提是句子遵循合理的句法,如果句法不通,再强大的分析工具都无能为力。

4.1.6　什么是语言理解

通过前面的讨论,可以认识到语言是非常复杂的。尽管如此,我们依然希望计算机能够理解它,至少部分理解它。一个有趣的问题是:机器做到什么程度才算是"理解"了语言?这里有两种思路:一是解析思路,把句子的各个组成成分及其相互关系等分析得一清二楚,即是理解了语言,传统的自然语言理解方法多遵循这一思路。另一种是反馈思路,不管机器如何对句子进行解析,只要它能给出足够合理的反馈即认为是"理解"了人的语言。著名的"图灵测试"就是遵循这一思路:把机器和人都放到小黑屋里,由一个测试者和他们进行自然语言会话,判断哪个是机器,哪个是人。如果一段时间后,机器有 30% 的机会骗过测试者(即通过会话让测试者以为它是人),则说明机器理解了人的语言,拥有了人的智能。早期的人机会话程序 ELIZA 也是基于反馈思路:机器仅通过少量模板的匹配和替换即可让很多人相信它是智能的,尽管它对句子的内容其实一无所知。随着数据量的增长和深度学习方法的应用,当前的自然语言理解系统越来越倾向于采用反馈思路。这些系统并不对句子进行细节解析,而是从大量数据中学习出对语义的表达。这些表达是抽象的、很难解释的,但确实可以在实际系统中给出合理的反馈。

4.2　传统语言理解方法

如前所述,传统语言理解方法以句子分析为基本出发点,通过分析句子中的词法、句法、语义,实现对一句话的细致拆解。我们将从**词法分析**、**句法分析**、**语义分析**三个层次介绍传统语言理解方法。

4.2.1　词法分析

词是最小的表达单元。对汉语来说,词可能只有一个字,如"走""跑""花"等;也可包含多个字,如"打球""上树"等。每个词既是一个语义单元,也是一个语法单元。所谓语义单元,是指每个词都有明确的词义,如"走"是指走路的动作,"太阳"是指天空中最大的发光体。所谓语法单元,是指每个词都有一定的词性,如"走"是动词,代表一个动作;"太阳"是名词,代表一个物体。一般来说,大多数词都有若干个意义,如"走"可能指行走,也可能指离开,还可能指泄露(走气)。同时,很多词还具有多个词性,如"温暖",大多数时候是形容词,但也可以用作动词,意思是使之温暖。一般来说,当词性不同时,词义也会有所不同。

所谓**词法分析**,是指从输入序列中确定词序列,并标记每个词的词性。因为汉语没有明确的词边界,因此词法分析首先需要将连续的汉字序列切分成独立的词,这一过程称为"分词"。分词是汉语独特的词法分析任务。如对下面这句话:

中华民族是伟大的民族。

需要切分成

中华/民族/是/伟大/的/民族。

另一方面,所有的词都是由字串组成的,这意味着分词具有一定的灵活性,如上面这句话也可拆分成:

中华民族/是/伟大的/民族。

汉语分词有多种方法,最常见的是最长匹配法,即尽可能用词表中最长的词对句子进行切分。需要说明的是,不同切分方法有可能带来语义上的差别。例如对"发现大道有活动"这句话进行下面两种切分,会有完全不同的意义:

发现/大道/有/活动。

发现大道/有/活动。

汉语词法分析的另一个重要任务是对词性进行标注,如将"吃/黄瓜/好"标注成"动词/名词/形容词"。词性标注算法有很多,较早的方法依赖规则,如动词后一般接名词,名词前多出现形容词等。当前的词性标注方法多基于统计模型,特别是HMM 模型、最大熵模型等,这些模型统计不同词性的单词相互连接的概率,基于该模型,在标注时选择最大概率的词性序列。

对于英语,单词提取不是问题,但对单词的处理更复杂一些,这是因为英语里有众多变形规则,包括单复数、第三人称单数、时态变化等,都会影响单词的表现形式。因此,英语词法分析里的一个重要任务是对这些变形进行处理,将不同变形词归结为原词。同时,英语单词多由前后缀加词干组成,其中词干才是意义中心,因此提取词干也是重要任务。例如，reinterpreting 由前缀 re-、词干 interpret、词缀 -ing 组成，进行词干提取后将仅余下词干 interpret。

4.2.2 句法分析

句法分析是在词法分析的基础上，对一句话中词与词的组合方式进行解析。常见的句法分析有两种：①成分结构分析，用以分析句子的层次性组织结构；②依存分析，用以分析词与词之间的互相依赖性。我们这里仅介绍成分结构分析。前面提到过，词与词之间通过层次性结构组合成句子，因此可以将句子表示为一棵**句法树**，如图 4-3 所示。在这棵句法树中，每个叶子节点对应一个词，词与词之间组成短语，构成低层的中间节点，这些中间节点再互相组合，形成更高层次的中间节点，对应更大规模的短语。这一组合方法迭代进行，直到形成一棵完整的句法树。

句法分析即是将一句话分解成句法树的过程。传统句法分析基于规则。这一方法假设我们所用的自然语言是一个完美的语法系统，这套语法系统可表示成一套**生成规则**，语言中的所有句子可由这些规则生成。一种常用的语法系统具有如下形式：

A→BC；

A→α

其中，A、B、C 表示任一个非终结符，代表名词短语、动词短语等，而 α 为任意一个终结符，代表一个单词。基于这一语法即可生成一个完整的句子，而每句话都可以表示为一个类似图 4-3 所示的句法树。这种形式的生成规则称为**上下文无关文法**（Context Free Grammar，CFG）。

下面是一个简单的 CFG 例子（我们称为水果 CFG）。

规则 1：S → N VP；

规则 2：VP → V N；

规则 3：V → 吃 ｜ 拿；

规则 4：N → 猴子 ｜ 苹果 ｜ 香蕉；

其中，S 代表句子，N 代表名词，V 代表动词，VP 代表动词词组。这一水果 CFG 可以生成"猴子吃苹果""苹果拿香蕉"等简单句子。

基于上下文无关文法，可以对句子进行句法分析，构造句法树。分析方法是对句子从左到右扫描，选择合适的生成规则对词和短语进行合并，得到更高层的短语，这一过程称为**逆向推理**。如果可以找到一系列生成规则及应用顺序，使目标句子得以生成，即可获得该句对应的句法树，实现对这句话的句法分析。例如，在上面水果 CFG 的例子中，如果给定一个句子"吃香蕉"，首先经过分词后得到词序列"吃/香蕉"。对这一序列从左到右扫描，可得到如下逆向推理过程，相应的句法树如图 4-4 所示。

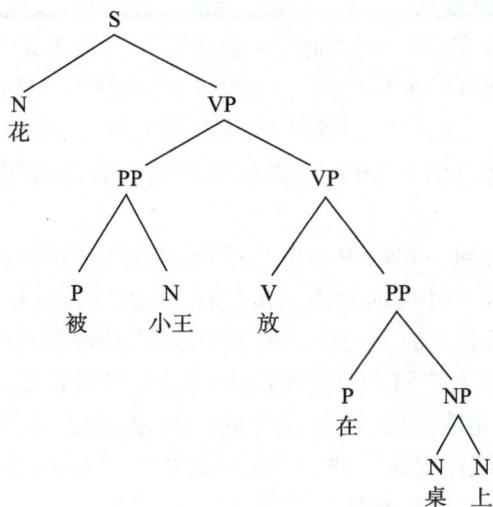

图 4-3 句法树

注：句子的结构可以用句法树表示，叶子节点对应单词，不同层次的中间节点对应不同规模的短语，根节点对应整句话。图中，N 代表名词，P 代表介词，V 代表动词，NP 代表名词短语，VP 代表动词短语，PP 代表介词短语，S 代表句子。

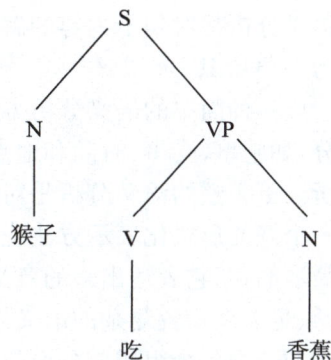

图4-4 基于水果 CFG 对句子"猴子吃香蕉"进行句法分析得到的句法树

步骤 1：猴子 → N（规则 4）；

步骤 1：吃 → V（规则 3）；

步骤 2：香蕉 → N（规则 4）；

步骤 3：V N → VP（规则 2）；

步骤 3：N VP → S（规则 1）；

上述基于规则的句法分析要求待分析的句子是符合语法规则的，不合法的句子将导致分析失败，因此这一方法仅适用于句子必须严格遵守语法的场景。在人类自然语言中，不符合语法规则的句子比比皆是。人对这些错误有很强的纠错能力，不会影响阅读理解，但对计算机而言却是相当大的干扰。一种解决方法是人为增加生成规则，覆盖更多可能的句式；另一种方法是从实际样本中抽取并学习实际用到的生成规则。不论哪种方法，都可能导致不确定的解析结果，即一句话可能被解析成多种结构。为解决这一问题，研究者提出了基于概率的句法分析，对每种结构赋予一定概率，在解析时选择概率最大的结构作为解析结果。

4.2.3 语义分析

有了句法分析，一句话的主要成分可以被合理解析了，但句法分析还不能判断语义。为了能理解一句话的意思，还需要进一步做**语义分析**。什么是语义分析呢？如"我有一辆自行车"，语法分析只能告诉我们该句中的各个成分是如何合规地组合在一起的,除此以外并不能带来更多知识。但对其进行语义分析后,发现这句话陈述了"我拥有一辆自行车"这个事实,既不是"他有一辆自行车",也不是"我有一辆汽车"。如果再有人问"你有一辆自行车吗?"或"你有什么?",基于这句话的语义信息我们是可以作出明确回答的。可以这样理解,句法分析是对句子结构的解析,语义分析是对句子内容的解析。通过语义分析,可以将自然语言表达的句子转化为一种知识。

　　一种简单的语义分析方法是找到一句话中的中心谓词,确定该谓词的相关成分,如施事、受事、时间和地点等,这一过程称为语义角色标注,也称为浅层语义分析。更完整的语义分析是对句子的各个成分进行细致解析,形成某种形式化表示。一个好的形式化表示方法应具有如下性质:①它表达出的语义应该是格式化的、简洁的;②它表达出来的意义应该是明确的、没有歧义的;③它的表达必须足够灵活、足以表示较复杂的语义。语义依存树是一种常用的形式化表示方法,该树表达了句子中各个组成成分所代表的语义角色及其相互关系。

　　图 4-5 给出了一棵语义依存树的实例。

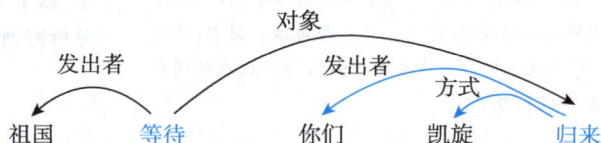

图 4-5　通过语义分析生成的语义依存树

注:这棵树将一句话表达为句中不同成分之间的语义角色相关性。

　　语义分析可以帮助我们解决众多实际问题。以基于知识图谱的问答系统为例,首先将知识表达为三元组的集合,其中每个三元组表示两个概念之间的关系。例如,以下三元组:

拥有(我,自行车)

表达了"我拥有自行车"这一事实。其中,"拥有"是关系,"我"和"自行车"分别是与这一关系相关的两个概念。如果能构造这个三元组集合(人为的或自动抽取的),即可以建立一个知识库,如:

拥有(我,自行车)

拥有(小明,汽车)

喜欢(张亮,小云)

　　基于这一知识库,即可回答"张亮喜欢谁"这样的问题。具体步骤如下:

　　首先,对问题进行语义分析,将分析结果表示为三元组,即:

喜欢(张亮,?)

对这一表达在知识库中搜索,即可发现张亮喜欢的是"小云"。

　　将知识用图形化方法表达出来,称为知识图谱。图 4-6 给出一个关于五岳诸山的知识图谱。基于该知识图谱,我们就可以回答"泰山有多高"这样的问题了。

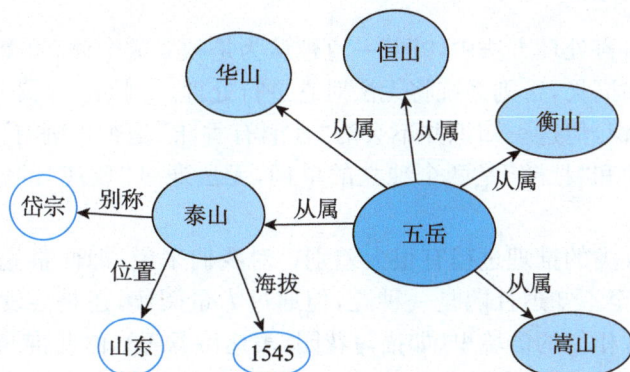

图 4-6   关于五岳诸山的简单知识图谱

4.3   基于深度学习的语言理解方法

传统基于解析的语言理解方法取得了丰硕成果。这一方法的优点在于通过对句子成分的深入解析,可全方位理解句子中的语义内容。另外,由于系统是基于语法和语义规则的,因此解析结果不会出现太大偏差,即便出现解析错误,也很容易定位原因。

基于解析的方法必须对语义规则进行明确定义,这需要非常丰富的领域知识;同时,语义分析很大程度上依赖于词法分析和句法分析,这些环节上的错误很容易在语义分析时进行传导和积累,导致结果产生偏差。最重要的是,自然语言中包含众多不符合词法和句法的表达,特别是各种新的表达方式不断出现,这给词法和句法设计带来了很大压力。因此,传统语言理解方法在特定领域、处理简单句子时可以取得不错的效果,但在通用领域里往往无法满足要求。

自 2013 以来,基于深度学习的语言理解方法受到越来越多的关注。与传统方法不同,这一方法并不依赖对句子成分的解析,而是将句子映射到一个**语义空间**里。在这个空间里,语义相近的句子距离较小,语义相差较大的句子距离较大。基于这一语义空间,可以实现问答、翻译等自然语言处理任务。需要说明的是,基于这种语言理解方法,机器对句子并没有一个非常明确的"理解"过程,但确实可以完成很多自然语言理解任务。因此,这一方法事实上是基于语言理解的反馈思路:只要可以顺利完成目标任务,则认为机器已经具有了理解能力。

基于深度学习的自然语言理解很大程度上要归功于对词义的向量化,即词向量概念的提出。下面将首先介绍词向量的概念,再基于此扩展到句子向量和端对端学习方法。

4.3.1　词向量

传统自然语言处理方法中,"词"一直被认为是独立的个体,每个词都需要有明确定义的词性和词义,否则系统将无法对它进行处理。例如一个知识库中有"玫瑰有香味"这条知识,但这一知识并不会对"杜鹃有香味"是否正确有任何判断能力,这是因为"玫瑰"和"杜鹃"是两个独立的单词,无法通过"玫瑰"的知识实现对"杜鹃"的推理。

这一点和人类的推理过程有很大差别。对我们来说,即便事先并不知道杜鹃是否有香味,甚至不知道杜鹃是一种花,但通过大量阅读,还是会发现杜鹃和玫瑰总是出现在非常相似的语境里(如描写花园、表达诗意等),由此推测出这两个词具有相似性,从而得出杜鹃也是有香味的。这意味着我们每个人的脑海里都有一个"心理词典",基于此形成一张"单词地图",在这幅图里每一对单词都有一个距离度量,基于此可判断不同单词在语义上的距离。图 4-7 给出了这样一幅单词地图,图中刘亦菲和高园园是相近的,和牛顿则相距较远,这是由于两个人是不同领域的明星。不过相比非洲,刘亦菲和牛顿还是近一些,毕竟他们都是人类。

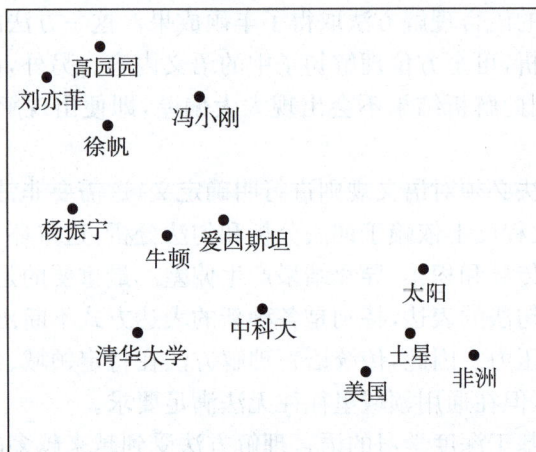

图 4-7　单词地图示例

注:我们通过大量经验积累,在脑海里都有一张"单词地图",在图中语义相似的单词距离较近,语义差别较大的单词距离较远。

词向量实现了我们头脑里的这张单词地图。它将单词表示为一个高维空间中的连续向量(称为词向量),使得在该空间中语义越接近的单词对应的向量距离越靠近。词向量构成了一个语义空间,使原本独立的单词映射成为该空间中距离可度量的点。这一映射的意义是革命性的,它使得单词的语义不再是离散值的集合,而是一个连续的空间;语义的计算不再是逻辑运算,而是代数运算。

如何实现这一映射呢？一个基本原则是使语义相近的单词在向量空间中尽可能接近,不相近的单词在向量空间中尽可能拉远。我们可以将这一原则写成一个目标函数,通过调整每个单词的词向量,使得该目标函数最大化,即得到了一个词向量空间。词向量可以有多种实现方法,最早的词向量由 Bengio 在 2003 年提出。该方法基于一个神经网络语言模型,词向量是这一模型的副产品。2010 年 Mikolov 用 RNN 模型代替标准神经网络,得到一组基于 RNN 的词向量。2013 年,Mikolov 又提出另一种效率更高的词向量模型,该模型的优化目标是使得左右近邻词对中心词的预测性能最好。他还发布了一个称为 Word2Vec 的开源工具,可以从大量文本中高效地学习词向量。图 4-8 给出了 Word2Vec 词向量学习模型。

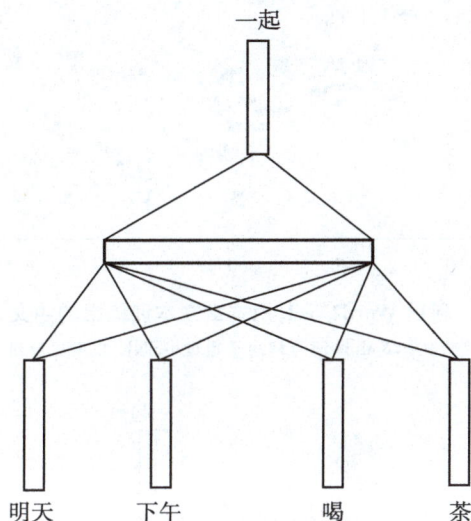

图 4-8　Word2Vec 词向量模型

注：学习时由左右近邻词(明天、下午、喝、茶)对中心词(一起)进行预测,学习准则是使得该预测性能最好。

图 4-9 是基于本章内容,利用 Word2Vect 工具训练出的词向量。可以看到,相似的词确实聚在了一起。

4.3.2　句向量

词向量的提出使得语义在最小语言单元上具有了可计算性,由此可以扩展到对句子语义的计算,即**句向量**。一个简单的方法是对句子中所有词的词向量取平均值,用这一平均向量作为句向量。这一方法在文本分类任务上取得了成功。

稍微复杂一些的方法是联合学习模型,如图 4-10 所示。在该模型中,将句向量与词向量一起学习。经过学习以后的句向量会像词向量一样包含语义信息,只不过是整句话的语义信息。

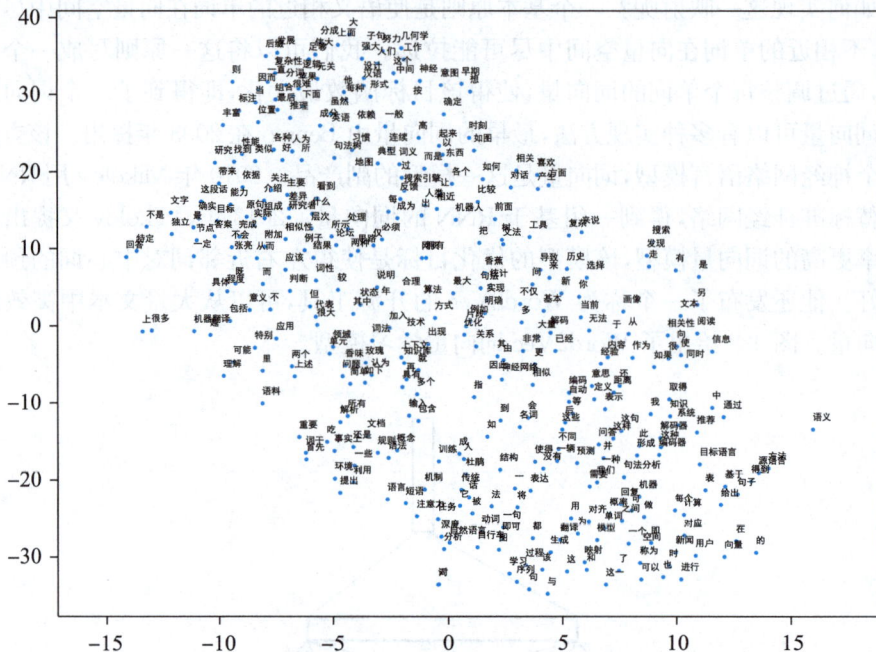

图 4-9　利用 Word2Vect,用本章文本训练出的中文词向量

注:图中每个词的坐标是由该词的词向量通过 t-SNE 工具映射到二维空间得到。

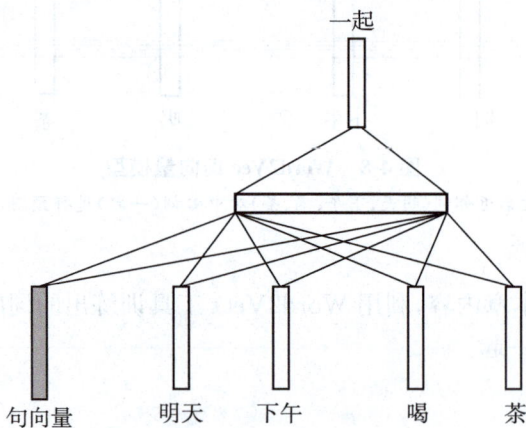

图 4-10　句向量与词向量联合学习

注:将每句话表示为一个句向量,学习时将句向量与词向量同时学习,学习方法与词向量相同,用左右邻近词预测中心词,只不过在预测时加入句向量作为附加输入。

基于句向量包含的语义信息可以实现很多语言理解任务。例如可以用来搜索 FAQ(Frequently Asked Questions,常见问题解答),实现简单的问答。FAQ 是人为积累的问题—答案对,基于这一资源,对用户输入的新问题在 FAQ 的问题集中进行搜索,找到最相似的问题,输出该问题对应的答案,即可实现一个问答系统。传统方法多用句子中所包含单词的统计信息来计算问题的相似性;基于句向量,可以在语义空间中通过句向量间的距离直接计算问题与问题之间的相似性,从而确定数据库中的相似问题,并给出答案。

4.3.3　上下文相关建模与基础模型

同一个词在不同上下文环境里可能有不同的语义,词向量并不能反映上下文相关性,因此也就不能实现精确的语义理解。例如,"苹果"既有可能是电子设备,也可能是水果,如果没有上下文,就无法区分这两种截然不同的语义。研究者提出了一种自注意力机制来解决这一问题。如图 4-11 所示,下一层输入的是上下文无关的语义表示,此时"苹果"的概念还是模糊的。输入到神经网络后,每个词都会观察句子中的所有词(包括它自己),并对每个词计算一个权重来代表它对当前词的语义影响。例如,在"吃我的这个苹果"这句话中,"吃"和"苹果"对"苹果"这个词的真实语义影响最大,因此它们的权重也最大。基于这些权重将前一层所有词的语义进行融合,即可得到上下文相关的语义。有了这些上下文信息,"苹果"的真实含义才变得明晰起来,是一种水果,而不是苹果手机。与传统循环神经网络相比,自注意力机制不受句子长度的影响,可以学习相隔很远的两个词之间的相关性,从而实现非常强大的上下文建模能力。

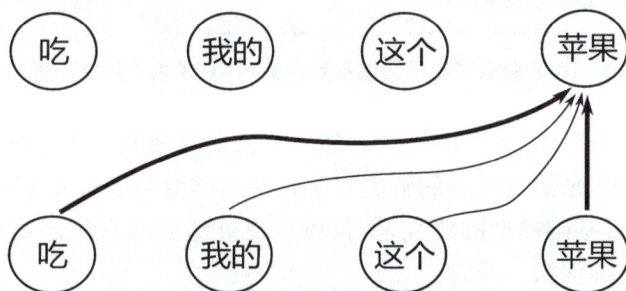

图 4-11　自注意力机制

注:网络的输入与输出长度相等,对应词序列的长度。在对"苹果"进行深层语义表示时,会查看下一层输入的所有单词,并计算每个单词对"苹果"语义的重要性,基于这一重要性对所有单词的语义作加权融合。在本例中,"吃"和"苹果"对理解"苹果"的具体含义最重要,因此权重最高(显示为更粗的连线)。

研究者以自注意力机制为核心,设计了一种称为 Transformer 的神经网络模块,在自然语言处理、机器视觉、语音信息处理等各个领域取得了极大成功。特别是 Transformer 强大的建模能力和海量数据结合以后,展现出了强大的语言理解能力和知识提取能力,这些模型通常称为基础模型(Foundation Model),或通俗称为"大模型"。OpenAI 开发的 GPT 是基础模型的杰出代表。这一模型是一个标准的语言模型,模型主干是若干个串接起来的 Transformer 模块。输入句子经过这些 Transformer 模块处理以后,自注意力机制将上下文信息清晰地提取出来,模型用这些信息去预测下一个词。研究者发现,当模型规模达到上千亿参数后,通过海量数据学习,GPT 不仅可以精确理解句子的语义,还可以理解和学习句子中包含的知识。例如,给 GPT 一篇文章并给它布置任务:"请把这篇文章的要点总结一下",GPT 将以这篇文章和任务描述作为历史信息顺次预测下一个单词,直到生成完整答案,而该答案正是这篇文章的总结。图 4-12 给出了一个例子。

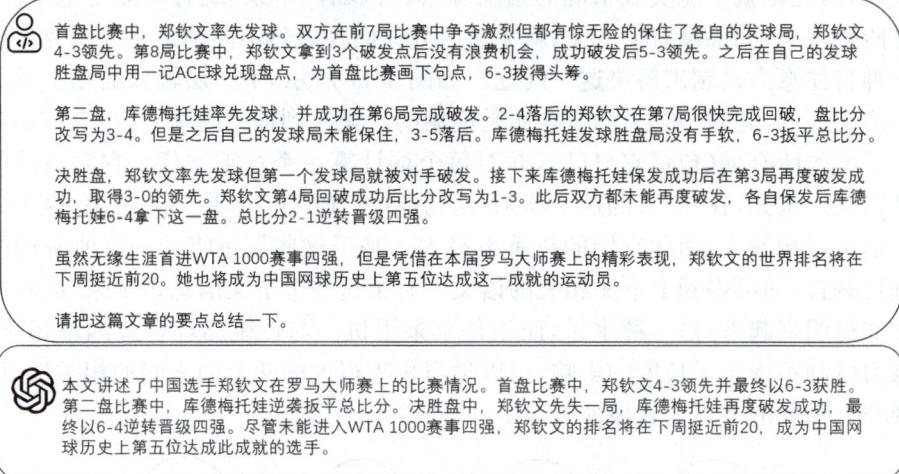

首盘比赛中,郑钦文率先发球。双方在前7局比赛中争夺激烈但都有惊无险的保住了各自的发球局,郑钦文4-3领先。第8局比赛中,郑钦文拿到3个破发点后没有浪费机会,成功破发后5-3领先。之后在自己的发球胜盘局中用一记ACE球兑现盘点,为首盘比赛画下句点,6-3拔得头筹。

第二盘,库德梅托娃率先发球,并成功在第6局完成破发。2-4落后的郑钦文在第7局很快完成回破,盘比分改写为3-4。但是之后自己的发球局未能保住,3-5落后。库德梅托娃发球胜盘局没有手软,6-3扳平总比分。

决胜盘,郑钦文率先发球但第一个发球局就被对手发破。接下来库德梅托娃保发成功后在第3局再度破发成功,取得3-0的领先。郑钦文第4局回破成功后比分改写为1-3。此后双方都未能再度破发,各自保发后库德梅托娃6-4拿下这一盘。总比分2-1逆转晋级四强。

虽然无缘生涯首进WTA 1000赛事四强,但是凭借在本届罗马大师赛上的精彩表现,郑钦文的世界排名将在下周挺近前20。她也将成为中国网球历史上第五位达成这一成就的运动员。

请把这篇文章的要点总结一下。

本文讲述了中国选手郑钦文在罗马大师赛上的比赛情况。首盘比赛中,郑钦文4-3领先并最终以6-3获胜。第二盘比赛中,库德梅托娃逆袭扳平总比分。决胜盘中,郑钦文先失一局,库德梅托娃再度破发成功,最终以6-4逆转晋级四强。尽管未能进入WTA 1000赛事四强,郑钦文的排名将在下周挺近前20,成为中国网球历史上第五位达成此成就的选手。

图 4-12　GPT 理解了背景知识和用户的意图,对输入的文章进行总结

这表明 GPT 确实在某种程度上理解了文章的意思和任务要求,并通过语言模型逐字预测的方式来输出任务的解决方案。基础模型是当前人工智能界的研究热点,人们期待通过基础模型的研究,不仅可以更好地完成自然语言理解任务,还可以发现智能本身的深层次线索。

4.3.4　传统方法和深度学习方法对比

基于深度学习的语言理解方法的优点在于不需要人为设计知识结构,仅需要大量文本作为训练数据,即可学习出一个合理的语义空间,并基于该语义空间完成一定的语言理解任务。特别重要的是,这一方法可以用大量领域外的文本训练语义空间,得到的语义空间依然可用于领域内的语言理解任务。这类似于一个非专业人士虽然不懂医学术语,但从日常语言经验中依然可以学习到足以应付医疗领域基础对话的语言能力。回到本节初"杜鹃有香味"的例子,虽然领域经验中对杜鹃所知甚少,但在大量日常经验中我们已经知道杜鹃和玫瑰是相似的,而这种相似性使得这两个词在语义空间中距离非常接近,"杜鹃有香味"和"玫瑰有香味"两个句子的语义向量也就相差无几,因而可由后者的真实性推测出前者的真实性。

这一方法的缺点在于语义的不可解释性。深度学习是一种黑盒学习,并没有对句子进行细致解析,因此很难清晰理解一句话的语义来源。还是前面的例子,如果依同样的原理判断"迎春花有香味",会得到很肯定的答案,但事实上迎春花是没有香味的。这说明深度学习得到的语义对个体的代表性不足。基于上述特点,传统方法和深度学习方法在自然语言理解任务上的应用有很大不同。对于通用型任务,如聊天或翻译,深度学习方法可以做得很好,但对于特定任务,如特定领域问答和对话,传统方法有更强的针对性,因而性能会更好。在实际应用中,可以将两者结合起来,用深度神经网络提取一般语义信息,对特定领域的特殊词汇或特定表达采用传统方法进行处理。

4.4 机器翻译

到目前为止,让机器理解人的语言还有很长的路要走。尽管如此,在某些特定领域的某些特定任务上,自然语言理解已经取得了很大成功,并走向实用。机器翻译是已经走向实用的技术之一。

4.4.1 机器翻译的历史

语言不通自古以来是人类交流的主要障碍。人工翻译成本高,特别是对小语种的翻译。因此,自计算机诞生之初人们就想到用机器代替人进行翻译,如瓦伦·韦弗(Warren Weaver)在 1947 年写给诺伯特·维纳(Norbert Wiener)的信中就谈到了机器翻译的设想。

早期的机器翻译研究主要用于军方,特别是在美苏军备竞赛时代,美国投入重金发展俄—英翻译,而苏联则发展英—俄翻译。这些早期努力基本以失败告终,导致机器翻译研究在 20 世纪 60 年代后陷入低谷。这一状态一直持续到 20 世纪 70 年代后期,才出现了一些实用的翻译系统,例如由加拿大蒙特利尔大学与加拿大联邦政府翻译局联合开发的 TAUM-METEO 系统,可用来翻译气象预报。

一直到 20 世纪 80 年代末,机器翻译的主要方法都是基于规则的,这些系统一般需要一本字典和一些语言学规则。在翻译时,首先通过查字典把每个单词在目标语言里对应的词找到,再依目标语言的语言学规则对这些词进行调整(形态、顺序等),最后组合成句子完成翻译,这一方法称为**直接翻译**法。另一些研究者提出应该对原句做语法分析,再对得到的语法成分进行翻译,这一方法称为**转换翻译**法。此外,还有学者尝试将源语言转化为一种表达抽象意义的中介语,再从中介语转换到目标语言,这一方法称为**中介语翻译**法。这三种基于规则的翻译方法都可用图 4-13 所示的 Vauquois 三角形来表示。不论哪种方法,都需要利用大量语言学知识，很难实用。

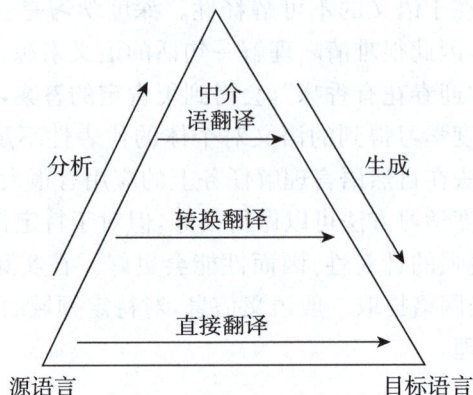

图 4-13　Vauquois 三角

注：越底层的翻译单元越具体，越高层的翻译单元越抽象。

突破发生在 1993 年，IBM 公司的 Brown 和 Della Pietra 等人提出了基于词对齐的翻译模型，标志着现代统计机器翻译（SMT）方法的诞生。与基于规则的方法不同，这种新方法不需要人为设计的语言学知识，仅需要足够多的双语对应语料，机器即可学习到这两种语言的对应关系。这一思路极大减轻了机器翻译所需要的资源，推动了技术的发展。在此基础上，爱丁堡大学的 Koehn 于 2003 年提出短语翻译模型，进一步提高了机器翻译的效果。同时期，FranzOch 提出了最小错误率学习方法，进一步提高了 SMT 的性能。直到 2014 年，基于短语和最小错误率学习的 SMT 一直是最好的机器翻译方法。

2014 年，谷歌公司的研究者提出基于神经网络的翻译模型，标志着神经机器翻译（NMT）的起点。同年，Bengio 研究组提出了基于注意力机制的 NMT 方法，进一步提高了 NMT 的性能。自此以后，神经机器翻译迅速取代统计翻译方法，获得了惊人的性能。2016 年 9 月，谷歌公司宣布其 NMT 系统取得了逼近人类的性能。2018 年 3 月，微软公司宣布其 NMT 系统在中英翻译上超过人类。

4.4.2　统计机器翻译

统计的机器翻译（SMT）的基本思路是从双语对应语料中自动学习出两种语言相对应的语言片段，并基于此完成自动翻译。双语对应语料又称为平行语料，是指两种语言在句子级别的对应语料，如"我爱吃鱼 | I love to eat fish"。SMT 可以从平行语料中自动发现对应的语言片段。假设这一对应是词级别的，则从前面的例句中可以发现如下对应片段："我 | I""我 | love""爱 | love""吃 | eat""吃 | fish""鱼 | fish"等。显然，这些对应片段有可能是对的，也有可能是错的。SMT 在发现这些对应时，会给每个对应片段附加一个概率，表示该对应的可能性。图 4-14 给出基

于词的对应片段的一个例子。将训练语料中所有可能的对应片段收集起来，即组成了一个源语言和目标语言间的**映射表**，如图 4-15 所示。注意映射表中每一个源语言单词可能对应多个目标语言单词，每种对应的概率各不相同。

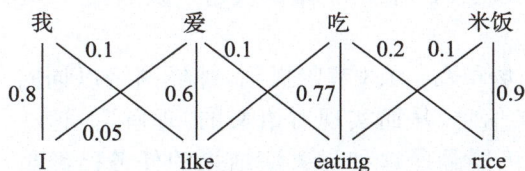

图 4-14　SMT 系统中的词级别的对应片段

注：每个对应都附加了一个概率值。

我	I	0.1
我	me	0.12
我	am	0.003
走	walk	0.02
走	run	0.003
走	the	0.000001
……		

图 4-15　SMT 系统的映射表

注：每一行是一个可能的映射，第一列为源语言，第二列为目标语言，第三列为映射的概率。

　　在执行翻译时，对源语言句子中的每个词，依据映射表可以选择多种可能的目标语言单词。我们希望选出的这些单词可以组成目标语言中一个合理的句子。因此，SMT 在映射表外还需要训练一个语言模型，用来判断组成的句子是否合理（关于语言模型的知识可见第 3 章）。总结起来，对每个可能的翻译候选，可得到一个基于映射表的**翻译概率**，同时得到一个基于语言模型的**语言概率**，将这两个概率相乘，选择乘积最大的翻译候选即是原句的最佳翻译。图 4-16 给出了这一翻译的过程。

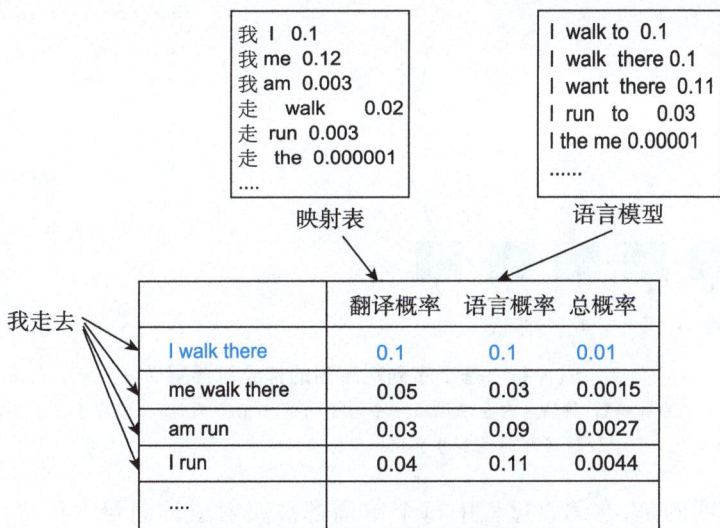

图 4-16　SMT 翻译过程

注：给定中文句子"我走去"，依映射表对每个单词进行翻译，得到多个可能的句子候选。每个候选由映射表给出一个翻译概率，由语言模型给出一个语言概率。基于翻译概率和语言概率的乘积选择最佳翻译。本例中'I walk there'的概率最大，因此为最佳翻译。

4.4.3 神经机器翻译

基于统计的翻译方法取得了巨大成功,但在翻译性能上还有明显的直译痕迹,词语组合生硬的情况比较严重。这是因为这一方法仅以词间概率为准则做机械搜索,并没有对句子进行理解。研究者曾试图引入句法分析来解决这一缺陷,但最终因实际语言环境过于复杂而收效甚微。

深度学习方法为机器翻译带来了一场革命。4.3 节曾提到,神经网络以词向量和句向量的方式学习词和句子的语义信息,从而实现对语义的"理解"。这一理解虽然很难显式地表达出来,但对于机器翻译这种只关注结果的任务已经足够了。

基于这一思路,谷歌公司于 2014 年提出了一种**序列对序列**的**神经机器翻译**模型(NMT),如图 4-17 所示。在该模型中,待翻译句子被一个递归神经网络(RNN)"压缩"成一个句子向量 S,这一过程称为编码。基于这一句子向量,另一个 RNN 通过迭代方式生成目标翻译,这一过程称为解码。可以将一个编码—解码过程形象地理解为一个语义打包的过程:在编码时将每个词的语义层层打包起来形成句子向量,在解码时再把这个包层层打开。由于打包的是语义而不是单词本身,因此可实现跨语言的语义重现。这一重现的语义用目标语言表示出来,即实现了翻译。

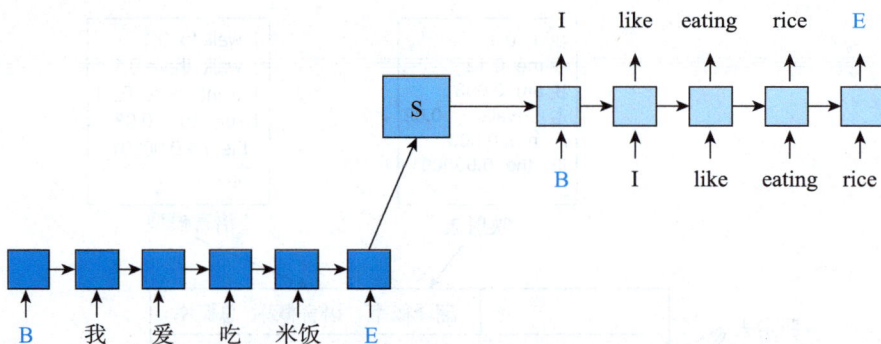

图 4-17 基于序列对序列的神经机器翻译

注:左方为编码器,将输入句子压缩成一个句子向量 S,右方为解码器,基于 S 生成目标语言中的翻译句子。字母 B 和 E 分别代表句子开始与句子结束。

需要说明的是,在编码过程中每个单词都被映射成词向量。如果没有这一映射,NMT 是不可能实现的,这再次说明了词向量概念在自然语言理解领域的重要意义。

序列对序列模型的一个缺点是当句子较长时,固定维度的句向量 S 可能无法对整个句子的语义形成完整表达,导致翻译性能下降。Bengio 研究组于 2014 年提出了一种基于**注意力机制**的序列对序列模型。简单来说,该模型在翻译过程中并不依赖一个固定的句子向量 S,而是在原句中寻找当前应该特别关注的位置,并基于该位置的语义进行翻译。类比人的翻译过程,基础序列对序列模型相当于读完一句话后,依靠头脑中形成的句子意义进行翻译。如果句子过长,有可能无法记住句子的全部意思,因此需要保留原句,在翻译过程中边译边回顾,保证原句中的所有内容都得到了合理的翻译,这一回顾的过程即为注意力机制。

图 4-18 给出了加入注意力机制的序列对序列模型。在预测当前输出(即目标单词)时,注意力模块首先计算编码器中每个位置的编码与当前解码状态的相关性,从而确定应该关注的位置,取出该位置的语义,送入解码器预测当前输出。

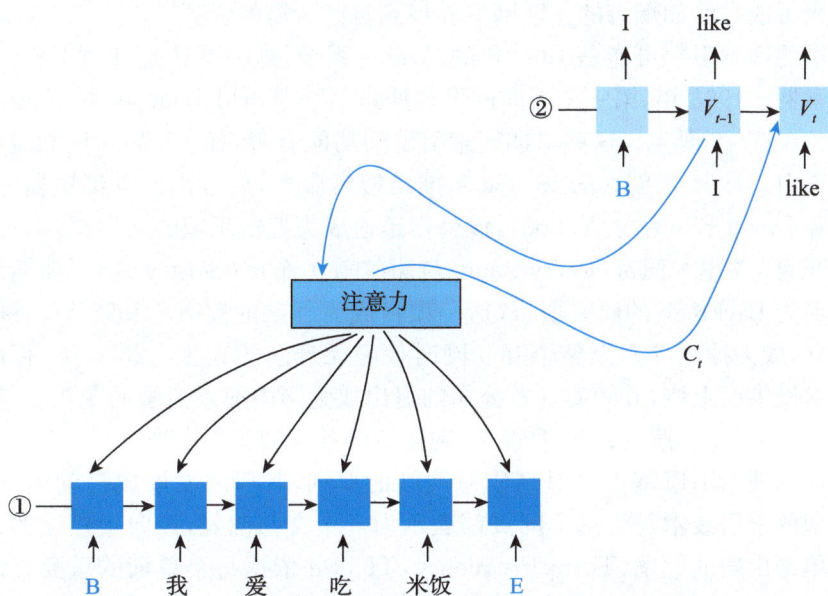

图 4-18　加入注意力机制的机器翻译模型

　　注:方框①为编码器在每个时刻的编码状态;方框②为解码器在每个时刻的解码状态。在每个解码时刻 t,"注意力"模块计算 $t-1$ 时刻的解码状态 V_{t-1} 与各个编码状态的相关性,基于该信息生成上下文向量 C_t。解码器利用 C_t 和 V_{t-1} 等信息生成 t 时刻的解码结果。

自从基于注意力机制的 NMT 模型提出后,研究者继续对该模型进行了一系列改进,使得 NMT 的性能大幅提升,逐渐成为机器翻译的主流。例如,Feng 等人为 NMT 引入了记忆能力,大幅提高了 NMT 处理低频词的能力。

近年来,基于 Transformer 的 NMT 模型取得了巨大成功,可以归因于自注意力机制强大的上下文建模能力。Transformer NMT 可以实现对输入句子的高精度理解,并生成更加流畅自然的翻译结果。

4.5 语言理解的其他应用

本节将介绍语言理解领域的一些其他典型应用。这些应用已经相对成熟，并产生了巨大的社会价值和经济效益。

4.5.1 搜索引擎

搜索引擎的发明无疑是近二十年最伟大的成就之一。早期的互联网虽然物理上是互联的，但在信息上是孤立的，每个人都可以创造知识，但这些知识很难为他人所知，就像一个宝藏丰富的大陆缺少藏宝地图。如果不是搜索引擎的出现，我们几乎不太可能在浩如烟海的互联网世界找到自己所需的资源。

最早的搜索引擎可能是 1990 年的 Archie 系统，这一系统是针对 FTP 服务资源的搜索器。1993 年，第一个面向网页的搜索引擎 World Wide Web Wanderer 出现，同年，AliWeb 诞生。这些早期搜索引擎的功能有限，如 AliWeb 只能对网页标题进行索引。1994 年创立的 InfoSeek 推出搜索服务，后推出网景浏览器。同年，杨致远和 David Filo 创立 Yahoo!，该公司迅速成为搜索领域的主力军。

1996 年，拉里·佩奇(Larry Page)与谢尔盖·布林(Sergey Brin)在斯坦福大学开始名为 BackRub 的研究项目，这一项目成为谷歌的前身。1998 年，谷歌公司正式成立，成为搜索界乃至整个互联网时代毫无悬念的霸主。2000 年，百度公司作为技术提供商上线，并随着谷歌公司的退出成为国内搜索引擎的龙头。其后，又有微软公司的 Bing 搜索、360 搜索、搜狗搜索等参与到竞争中来。

早期的搜索引擎基本是对高质量网站的罗列，其后才发展成自动索引技术。一个典型的索引技术是将每个网页都表示为一个文档向量，该向量描述的是网页中重要单词出现的频率(Term Frequency, TF)，并依据每个单词的重要程度对该向量进行调整(如除以该单词在所有文档中出现的频率)。当用户搜索时，将用户输入也看作一个文档，并将其表示为一个文档向量。将用户输入的文档向量与数据库中每个网页的文档向量进行比较，即可找到和输入最相关的文档。这一技术通常称为**向量空间法**(Vector Space Approach)。

向量空间法的一个缺陷是没有充分利用网页之间的相关性，这种相关性既包括网页本身包含的超链接，也包括用户浏览网页时在不同网页间的跳转关系。**PageRank** 就是利用这种相关性来计算网页间相似度的算法，最初由谷歌公司提出，之后成为搜索引擎的标准算法。

不论是向量空间法还是 PageRank，基本都是利用文档内和文档间的统计信息，对文档语义的理解是有限的。随着搜索技术的发展，越来越多的搜索引擎开始关注用户的搜索意图。换句话说，传统搜索仅是对关键词的搜索，而现代搜索引擎可以接收一个带有复杂语义的搜索请求,通过分析用户输入的真实意图给出合理的答案。同时,搜索引擎给出的不再是一个简单的网页列表,而是图片、视频等各种丰富的信息。例如,在谷歌中输入"篮球"和"如何打篮球",得到的结果分别如图 4-19 和图 4-20 所示。图 4-19 给出了篮球的各种信息,图 4-20 直接回答了"如何打篮球"这个问题。近年来,个性化搜索受到更多关注,这种搜索方法通过分析用户的搜索历史发现用户的搜索倾向,依此对搜索结果进行调整,可得到更好的用户体验。

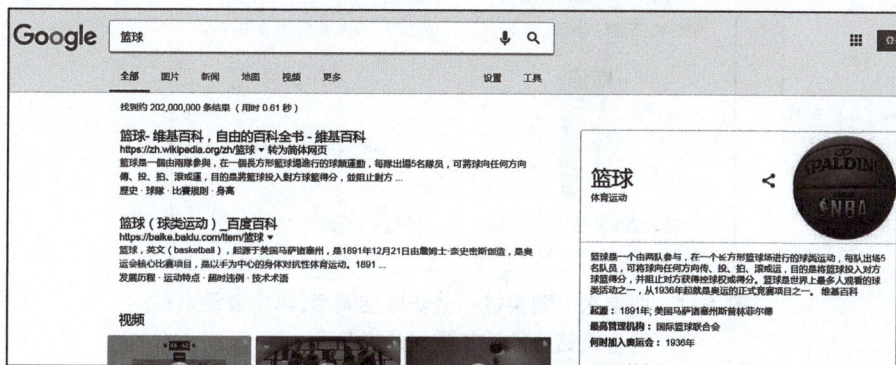

图 4-19　在谷歌中输入"篮球"的结果

注:搜索引擎返回了关于篮球的各种信息。

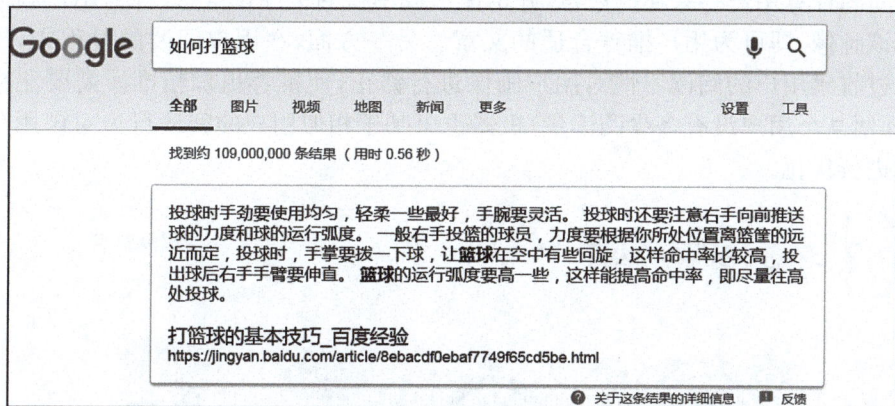

图 4-20　在谷歌中输入"如何打篮球"的结果

注:搜索引擎直接给出了如何打篮球的答案。

4.5.2　推荐系统

推荐是指在搜索某一内容时,系统自动为我们推荐相关的其他内容。例如,在京东上购买了一台长虹空调,以后每次登录京东时它都会向我推荐和空调类似的商品,如图 4-21 所示。

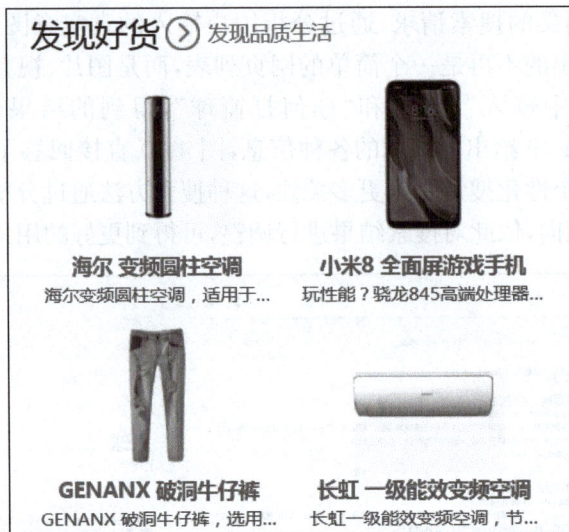

**图 4-21　在京东上购买过一台长虹空调后，再次登录京东
购物网站后被推荐类似的商品**

　　另一个典型例子是今日头条 App，该 App 可依据用户的兴趣推荐有吸引力的
阅读内容，其原理如图 4-22 所示。具体来说，当你从各种社交网站登录后，它会在
短时间内计算用户感兴趣的内容，并迅速形成用户的个性化信息（称为用户画像）。
基于该画像，即可为用户推荐合适的文章。另一方面，在用户阅读的过程中，还可
以通过收集用户的阅读习惯对用户画像进行修正，使推荐更加精准。需要注意的
是，即便某个用户没有多少阅读量，机器也可基于相似用户的阅读行为对该用户的
画像进行优化。

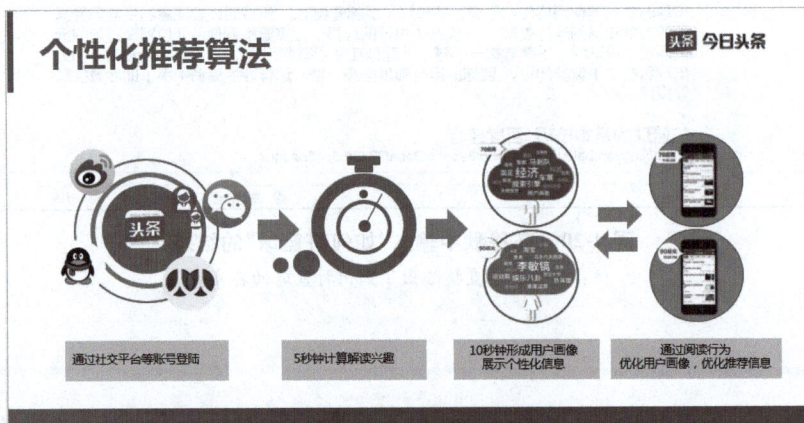

图 4-22　今日头条 App 的新闻推荐流程

注：图片来自今日头条的宣传页。

推荐系统和搜索引擎的基本算法是类似的。以今日头条为例,一方面对新闻做向量化,并利用 PageRank 算法优化不同新闻之间的距离;另一方面,对用户也进行向量化,用历史阅读量、社交网络内容、登录习惯等众多信息形成用户的向量表达(即用户画像)。通过计算用户与用户、用户与新闻、新闻与新闻之间的相关性,形成全方位的关联信息,进而生成精准推荐。例如,通过用户与新闻之间的相关性进行基于内容的推荐,进而通过新闻与新闻之间的相关性实现扩展推荐;如果和你年龄、性别相仿的另一位用户阅读了某篇新闻,也可以将这篇新闻推荐给你,形成交叉推荐。

4.5.3　会话机器人

会话机器人是可以和人自由聊天的机器人,如微软小冰,不仅可以和人风趣对话,还可以在论坛上主动回帖。当前主流的会话机器人多基于深度学习模型。如 Vinyals 在 2015 年提出了一种基于序列对序列模型的会话系统,如图 4-23 所示。其中,编码器对当前上下文(包括用户的输入和之前的会话历史)进行语义提取,得到环境向量,将这一向量输入解码器,即可生成自动回复。可以看到,这一结构和序列对序列的翻译系统非常相似,只不过用环境和回复分别替换了源语言输入和目标语言输出。

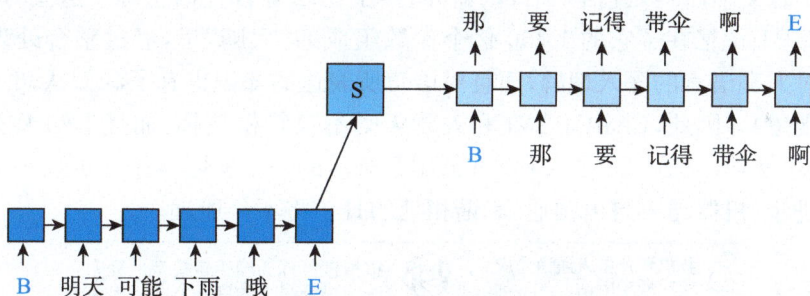

图 4-23　基于序列对序列模型的会话系统

注:编码器对会话历史进行编码,得到环境向量,解码器根据这一环境向量生成自动回复。

Shang 等人提出了一个基于注意力机制的会话模型,该模型可用于论坛的自动回复。图 4-24 给出了一些回复的例子,可以看出这一模型确实可以产生语义相关且较为流畅的回复。

近年来,基于深度神经网络的会话系统取得了长足的进展,不仅可以生成自然流畅的回复,还可以从知识库中索取知识;不仅可以生成一问一答,还可以生成多轮对话。最近,由 OpenAI 公司开发的 ChatGPT 系统将人机会话能力提高到了一个新的高度,不仅可以和人轻松聊天,还可以回答诸如"宝宝怕冷,到了屋里也不肯脱帽。可是他见了一个人乖乖地脱下帽,那人是谁?"这种刁钻的问题。和以往问

发言 Post	意大利禁区里老是八个人……太夸张了! There are always 8 players at the Italian restricted area. Unbelievable!
回复1 Response1	我是意大利队的球迷,等待比赛开始。 I am a big fan of the Italy team, waiting for the football game to start
回复2 Response2	意大利的食物太美味了。 Italian food is absolutely delicious.
回复3 Response3	太夸张了吧! Unbelievable!
回复4 Response4	哈哈哈仍然是0:0。还没看到进球。 Ha! Ha! Ha! it is still 0:0, no goal so far.
回复5 Response5	这正是意大利式防守足球。 This is exactly the Italian defending style football game.

图 4-24　基于注意力机制的问答系统生成的一些论坛回复

注:第一行为原帖,其他几行为生成的回复。

答模型不同,ChatGPT 并不是针对会话任务设计的,而是一个通用的语言模型,其学习目标是预测一串文字后应该续接的词。特别的是,这一语言模型的规模非常庞大,有 1 750 亿个参数。同时,ChatGPT 基于 Transformer 结构,使得它在预测时可以回溯长达 2 000 多个词的历史信息。ChatGPT 的训练语料很大,使用了超过 45TB 的文本语料,囊括了书籍、新闻、网上论坛等各种信息源。这些海量信息被 ChatGPT 记忆在了它的 1 750 亿个参数组成的"大脑"里,经过整合处理,不仅形成了对人类语言的深入理解,而且对语言所表达的知识也有了深刻认知(所谓的"涌现"现象)。因此,ChatGPT 在和人聊天时不仅轻松流畅,而且上知天文、下知地理,毫不怯场。图 4-25 是人和 ChatGPT 对话的一个实际例子。可以预期,随着技术的进步,机器与人自由沟通、和谐相处的日子将不再遥远。

> 我想和外星人通话,应该打哪个电话?

> 很抱歉,作为AI语言模型,我无法提供外星人的联系方式,因为我们还没有证实外星人的存在。

> 但是我听说有人给外星人打了个电话,然后外星人说有空就来看他。你怎么说没有外星人呢?

> 作为一个AI语言模型,我无法证实或否认外星人的存在。但是根据目前的科学知识和证据,我们还没有确凿的证据表明外星人存在。因此,这种电话可能只是一个幽默或虚构的故事。

> 不会啊,外星人长得都很帅啊,你没见过吗?

> 作为AI语言模型,我不会对外星文化或外星生物有任何了解,因为它们是虚构的概念。

图 4-25　人和 ChatGPT 对话的例子

注:左侧是人,右侧是 ChatGPT。

4.6　自然语言处理技术应用场景

1. 自然语言交互

自然语言是人与机器交流的最好方式。这里的自然语言,既指通过文本的交流,也指通过语音的交流。不论哪种方式,核心都是让机器能听懂人的语言,理解人的意图,知道如何反馈,这就需要语言理解、机器翻译、对话管理等自然语言交互技术。目前自然语言交互技术已经有一些应用场景,如车载导航系统,人们可以用声音发出指令,更改行车路线,查询周边设施,甚至播放娱乐节目。类似的技术也用于手机上的语音助手、送餐机器人、商超或机场中的智能终端等。以 ChatGPT 为代表的大模型出现以后,对语言的理解能力有了飞跃式提高,人与机器的交互更加顺畅自然。

2. 信息检索

信息检索是自然语言处理技术的另一个主要应用场景。传统搜索算法直到今天依然是最重要的信息检索方式,诞生了谷歌、百度等重量级的商业公司。近十年来,以推荐算法为基础的信息获取方法成为主流,催生了推特、头条等主流信息平台。ChatGPT 等大模型出现以后,向大模型索取知识成为一种新的信息检索模式。这种新模式以自然对话为基础,通过多轮交流对信息进行求精,更加自然高效。

3. 内容生成

基于大模型技术,目前机器已经可以写新闻、做综述、设计演讲稿,甚至给公司起名、写诗歌、小说。这一强大的内容生成能力将极大地改变人们的生产、生活方式,让我们摆脱程式化的文字工作,把精力投入到更有创造性的事情上。

4. 情感分析

情感分析是指通过自然语言处理技术对文本中的情感进行分析和判断。它可以用于舆情监测、产品评价、客户服务等各个方面。情感分析可以帮助企业了解用户对产品或服务的态度,及时采取措施进行改进。

4.7　AI 实践:计算中文词向量

AIDemo 提供了一个 word2vec 程序,帮助读者理解词向量技术。前面我们曾提到,词向量是单词在一个连续语义空间上的映射,基于该映射,语义接近的单词所对应的向量间距离更小,从而实现词义的可计算化。本节利用 Google 的 Word2Vet 工具,计算中文词向量。

计算中文词
向量实践

查看该实践程序代码文件的方法如下。

（1）在 AIDemo 虚拟机桌面上右击，选择"打开终端"。

（2）用 linux 命令进入 word2vec，查看文件夹内容，如图 4-26 所示。

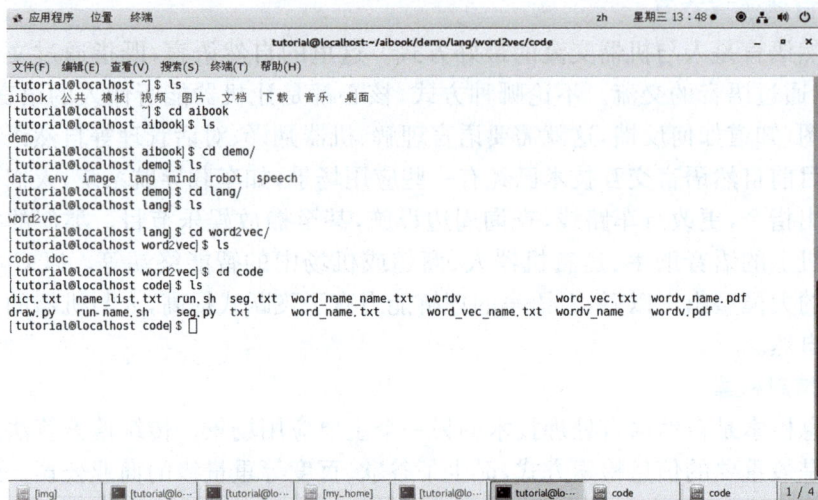

图 4-26　查看 word2vec 文件夹内容

实践任务 1：运行默认配置

（1）打开 run.sh 程序，理解程序默认配置的运行逻辑，如图 4-27 所示，可以看到这一过程包括如下几个步骤。

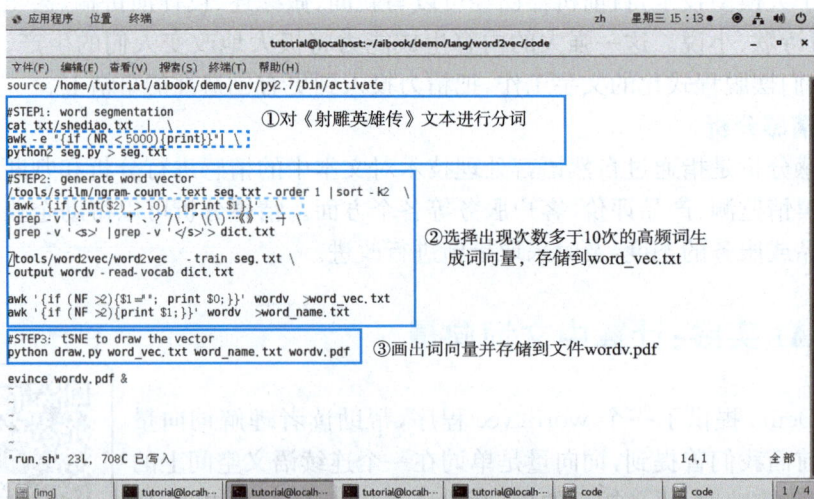

图 4-27　查看 run.sh 程序的运行过程

① 对《射雕英雄传》文本进行分词，生成 seg.txt 文件。选择 Jieba 分词工具。

值得注意的是，为了提高运行速度，我们只取前 5000 个句子进行训练，如图 4-27 中部分①所示。熟悉了程序流程以后，可以去掉这一限制，把这一行代码前面加上 #号，作为注释即可。

② 选择高频词（出现频率超过 10 次的单词，如图 4-27 中部分②所示），组成词表 dict. txt。

③ 使用 word2vec 工具，为 dict. txt 中的词生成词向量。

④ 使用 t-SNE 工具，将这些词向量投影到二维空间，生成词向量表示图。

（2）运行 run. sh 程序，屏幕上显示 word2vec 的迭代次数（Iteration），如图 4-28(a)所示，当迭代次数达到 500 时，程序结束运行，运行结果如图 4-28(b)所示。

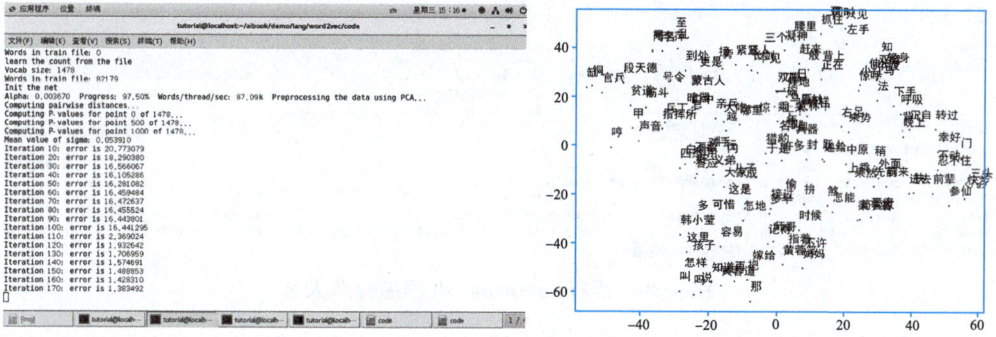

(a)   (b)

图 4-28　默认配置的运行结果

（3）用《射雕英雄传》全部数据重新训练，如图 4-29(a)所示。训练速度较慢，根据机器的硬件配置不同，大约需要 10～20 分钟不等。重训练的结果如图 4-29(b)所示。

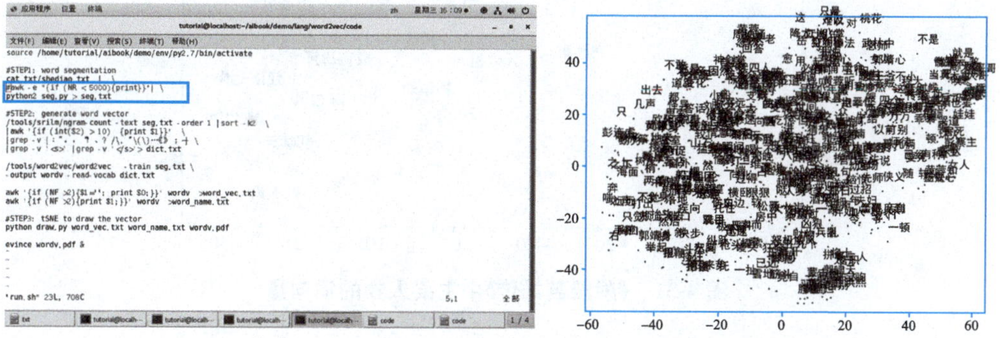

(a)   (b)

图 4-29　用整本《射雕英雄传》训练的词向量

注：方框处已经将文本长度的限制注释掉。

实践任务 2：生成人名的词向量

在本实践任务中，我们单独选出《射雕》中的人名，画出它们的词向量，以观察人物之间的关系。

（1）在词表 dict.txt 中进行筛选，如图 4-30 所示，保留人名，组成人名列表 name_list.txt。

（2）从词向量文件 wordv 中将这些人名对应的词向量筛选出来，组成词向量文件 wordv_name。

（3）使用 t-SNE 工具将这些人名的词向量投影到二维空间中。读者可直接运行 run-name.sh 来完成上述过程。生成的人物词向量如图 4-31 所示。

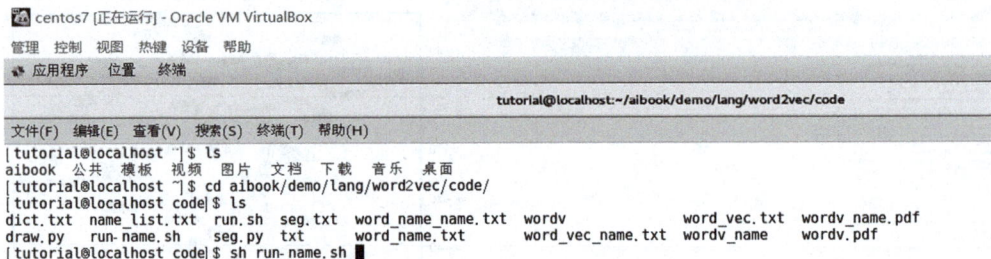

centos7 [正在运行] - Oracle VM VirtualBox

管理 控制 视图 热键 设备 帮助

应用程序 位置 终端

tutorial@localhost:~/aibook/demo/lang/word2vec/code

文件(F) 编辑(E) 查看(V) 搜索(S) 终端(T) 帮助(H)

```
[tutorial@localhost ~]$ ls
aibook 公共 模板 视频 图片 文档 下载 音乐 桌面
[tutorial@localhost ~]$ cd aibook/demo/lang/word2vec/code/
[tutorial@localhost code]$ ls
dict.txt  name_list.txt  run.sh  seg.txt  word_name_name.txt  wordv        word_vec.txt  wordv_name.pdf
draw.py   run-name.sh    seg.py  txt      word_name.txt       word_vec_name.txt  wordv_name  wordv.pdf
[tutorial@localhost code]$ sh run-name.sh
```

图 4-30 运行 run-name.sh 程序筛选人名

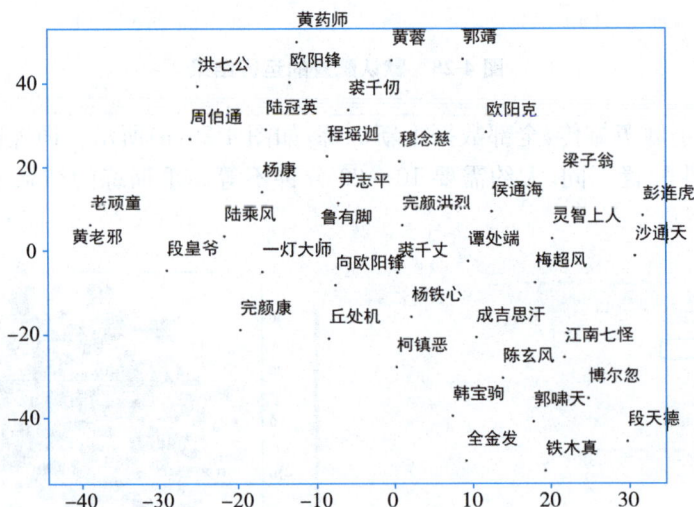

图 4-31 《射雕英雄传》中主要人物的词向量

实践任务 3：生成自己的词向量

网上找到一部小说的电子文本，命名为 xiaoshuo.txt，并保存在 txt 文件夹中。修改 code 文件夹中的 run.sh 程序，将 shediao.txt 改为 xiaoshuo.txt，如图 4-32 所示。图 4-33 所示为用小说《天龙八部》生成的词向量。

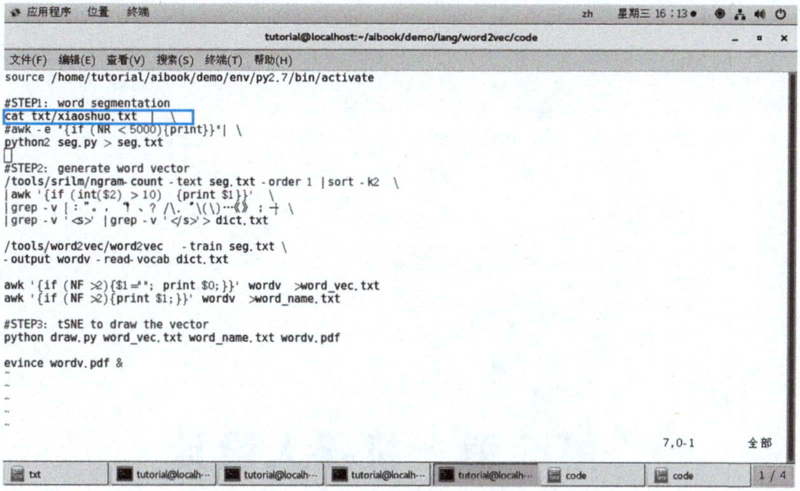

图 4-32　将输入文档改为 xiaoshuo.txt

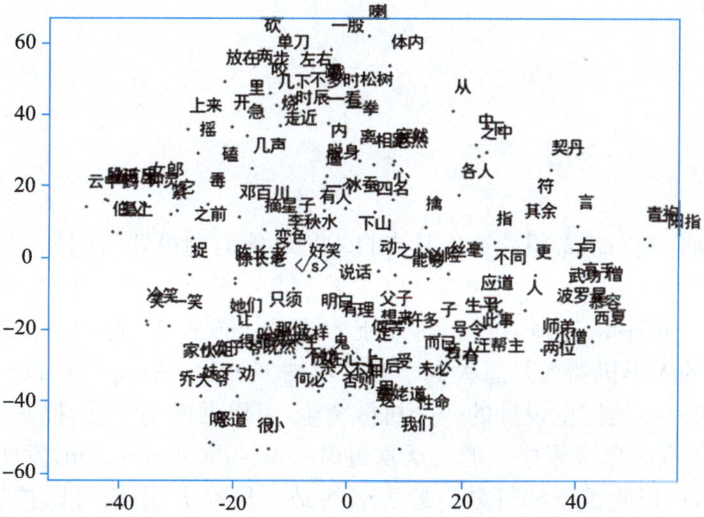

图 4-33　用小说《天龙八部》生成的词向量

思考题

（1）传统方法和深度学习方法在语义理解方式上有何不同？各自的优缺点是什么？

（2）历史上有哪些机器翻译方法？各有什么优缺点？

（3）讨论推荐系统的基本原理。

第5章 机器人设计

　　很久以前，人们就希望能造出具有自主行动能力的机器。例如，春秋时期有个巧匠鲁班，传说他用木头造出的鸟可以在天上飞行三天三夜；汉代的科学家张衡发明的计里鼓车也很精巧，每行一里，车上木人就击鼓一下，每行十里就击钟一下。最早有记录的人形机器人是意大利学者列奥纳多·达·芬奇(Leonardo da Vinci)在1495年的一本笔记里设计的一个机械骑士，可以做挥动手臂，摇头等简单动作。1737年，法国发明家沃康松·德·沃坎逊(Jacques de Vaucanson)发明了一系列自动演奏机器，可以吹笛子和打鼓。最著名的是一只鸭子，不仅可以拍翅膀，甚至可以和真鸭子一样吃东西。在日本，巧匠田中久重(Hisashige Tanaka)也在18世纪末发明了一系列非常复杂的玩偶，可以奉茶、写字。这些都说明，制造可以自主行动的机器是人类长久以来的梦想。因为技术发展水平的限制，很多尝试都失败了，直到20世纪之后，这一梦想才成为现实。

　　1920年，捷克作家卡雷尔·恰佩克(Karel Capek)发表了一部名为《罗梭的万能工人》(Rossum's Universal Robots, R. U. R.)的剧本。剧本讲述了一个名叫"罗梭万能工人(R. U. R)"的公司，该公司坐落在一个小岛上，创始人罗梭(Rossum)来到这个小岛后，意外发现了一种新的化学物质可以制造生命体。罗梭的外甥小罗梭看到了商机，用这种化学物质造出了成千上万的人造人，这些人造人被称为"机器人"（Robots）。卡雷尔可能没有想到，几年后，美国人真的造出了一个名叫"电报箱"（Televox）的机器人。从此以后，人们制造了很多用于各种用途、各种场景的机器人。如今，机器人已成为人类探索自然、改造自然的有力工具。

经过近一百年的发展，机器人经历了模仿、感知和智能三个阶段，现在已经成为人类的重要合作伙伴，在工业生产、自然探索、抢险救援、教育娱乐等各个方面扮演着重要的角色（图 5-1）。本章将介绍机器人的基础知识，特别是现代智能机器人的强化学习能力。基于强化学习，机器人可以像人一样从无到有获得完成目标任务的技能，并在机器人之间互相传递知识，形成非常快速的学习进化。

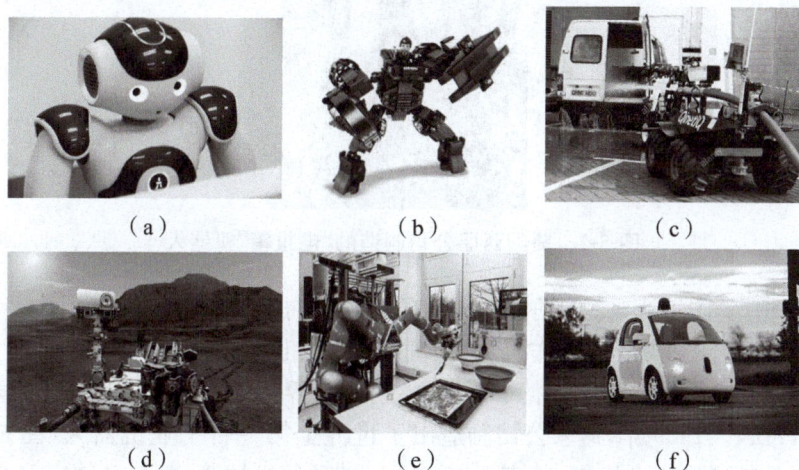

|（a）|（b）|（c）|
|（d）|（e）|（f）|

图 5-1　几个机器人的例子

（a）Nao 人形机器人，有四肢，可灵活运动，具有语言、视觉和触觉感知能力，具有基础对话能力，可用于服务、教育行业；（b）乐高机器人，具有可编程能力，多用于教育领域；（c）消防机器人，可用于自动寻找火源并进行扑灭；（d）火星登陆车，具有一定自主行动能力，可进行火星地表探索；（e）披萨制作机器人，可模仿人做披萨；（f）自动驾驶汽车，不需要司机的自动驾驶机器人

5.1　现代机器人发展史

1927 年，美国西屋公司（Westinghouse Electric）的工程师温兹利（Roy J. Wensley）制造了第一个机器人"电报箱"（图 5-2）。电报箱具有无线电报功能，并可回答一些简单问题。

现代机器人是以电子计算机技术和自动化技术为基础发展起来的。早期机器人设计的目的是为了代替人处理放射性物质。1947 年，美国原子能委员会的阿尔贡研究所开发了遥控机械手，1948 年又开发了机械式的主从机械手，通过控制主机械手来操控从机械手完成目标动作。

图 5-2　美国西屋公司制造的"电报箱"机器人

1954 年,美国工程师德沃尔(George C. Devol)向美国政府提出专利申请,提出一种用于工业生产的"重复性操作机器人",这是工业机器人的最初设想。1958 年,英格伯格(Joseph Engelberger)和德沃尔成立了世界上第一个机器人公司,称为UNIMATION。1959 年,这家公司制造出了世界上第一台工业机器人(图 5-3)。这台机器人的外形像一个坦克,基座上有一个可转动的机械臂,臂上又伸出一个可以伸缩和转动的小机械臂,小机械臂能进行一些简单操作,代替人做一些诸如抓放零件的工作。其后,美国 AMF 公司也推出了类似的机器人,称为 VERSTRAN。

图 5-3　英格伯格和德沃尔制出的第一台工业机器人

20 世纪 60 年代,各种装载了传感器的机器人陆续问世,让机器人有了感知。1961 年,恩斯特(H. A. Ernst)采用了触觉传感器来帮助控制机械臂;托莫维奇(Tomovic)和博尼(Boni)1962 年设计了称为 Belgrade 的"灵巧手",采用了压力传感器来检测"手"的力度。1965 年,美国麻省理工学院的劳伦斯·罗伯特(Lawrence Robert)推出了世界上第一个带有视觉传感器,能识别并定位积木的机器人。1969 年,SRI 实验室设计了 Shakey 机器人,可以利用视觉传感器完成抓取积木的动作,并具有行走能力(图 5-4)。1979 年,Unimation 公司推出了 PUMA 系列工业机器人,这是一款可编程的通用工业机械臂,具有可配置的视觉、触觉和力觉传感器。PUMA 的推出标志着工业机器人技术走向成熟。

图 5-4　SRI 实验室设计的 Shakey 机器人

注:该机器人具有视觉、触觉传感器,可以自主规划路线。

近年来,人工智能技术为机器人的发展带来了又一次飞跃。机器人集成了更多感知和学习的能力,可以在复杂场景中做到平衡行走、摔倒后站立起来(如图 5-5 所示的美国波士顿动力公司的机器人"大狗"Big Dog);可以通过视觉与听觉对环境进行有效感知,并作出行为决策;可以识别人的身份、情绪;可以快速适应新的工作环境。

需要说明的是,机器人是智能机器的通称,未必具有人的形态。事实上,当前广泛使用的机器人都是非人形的,如工业机器人绝大部分只是个机械臂,扫地机器人多数是紧贴地面运动的圆盘,还有很多机器人实际上是动物形态,如机器狗、机器蝴蝶、机器蛇等。

图 5-5　波士顿动力公司的大狗(Big Dog)机器人

　　目前,机器人应用最广泛的领域是工业制造,特别是在汽车制造业,很多工作由机器人自动完成(图 5-6)。医疗是机器人广泛应用的另一个领域,如手术机器人可以帮助医生完成非常精密的手术(图 5-7),胶囊机器人可以辅助医生查找病症。此外,在高危作业领域,机器人也大显身手,如救火机器人、水下机器人等。

图 5-6　汽车制造业中的很多作业由机器人独立完成,极大地提高了工作效率

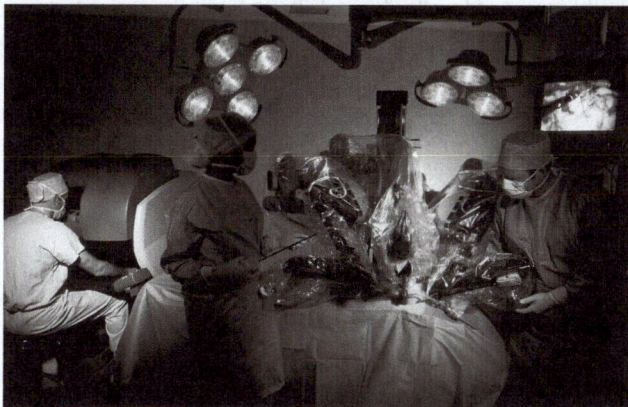

图 5-7　手术机器人可以帮助医生完成高精度手术,减少人为因素带来的风险

机器人的快速发展,特别是近年来可自主学习的机器人的出现引发了人们的忧虑。可以说,智能机器人是人工智能技术走向现实世界的载体,如果没有这一实物载体,人工智能的影响力是有限的。然而,一旦附加这一载体,人工智能对人类的影响,不论是帮助还是破坏,都会被放大。如何规范机器人的行为成为人们需要考虑的事情。例如,科幻小说家艾萨克·阿西莫夫(Isaac Asimov)曾在小说《我,机器人》(I, Robot)中订立了著名的"机器人三定律":

(1) 机器人不得伤害人类,且确保人类不受伤害;

(2) 在不违背第一法则的前提下,机器人必须服从人类的命令;

(3) 在不违背第一及第二法则的前提下,机器人必须保护自己。

然而,现实中如何确保机器人不会伤害人类,的确是个值得深入探讨的问题。

5.2　基于设计的机器人

机器人按照行为可分为**操作机器人**和**移动机器人**两类,操作机器人关注如何通过关节运动完成某一动作,移动机器人关注如何规划路线以到达目的地。用于汽车加工的机械臂是典型的操作机器人,无人驾驶汽车是典型的移动机器人。事实上,很多机器人需要同时完成操作和移动两种行为,如波士顿动力公司的大狗机器人,既要实现开门、迈步、抬腿等动作,又要规划好路线以绕过障碍物,防止碰撞。本节将了解基于规则设计实现这两种行为的方法。

5.2.1　操作机器人

操作机器人需要完成某种指定的动作,如抓取、焊接等。对机器人而言,实现动作的关键在于如何将机械臂的**末端**放置到预设位置。末端是指机械臂的工作点，一般是机械臂的末端。这一问题看似简单，但解决起来相当复杂，涉及运动学、动力学、控制论等一系列知识。为简化问题讨论，可以将机器人表示为如图 5-8 所示的连接系统。基于这一系统，末端是最后一个连接杆的终点，我们的目的是将末端放置到指定位置。为完成这一任务，需要解决以下三个问题：

（1）如何设置各连接杆的夹角；

（2）如何对每个连接杆施力以实现上述目标夹角；

（3）如何通过监控夹角的改变过程平稳地到达目标夹角。

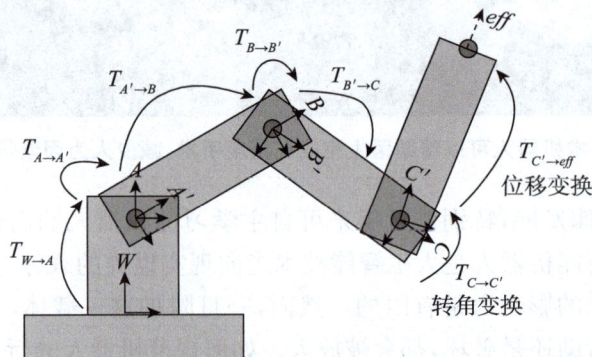

图 5-8　将机器人简化为由一系列刚性短棒相互连接起来的连接系统

注：通过调节相邻两个连接杆的夹角，可实现将末端放置到指定的位置。

上述三个问题需要基于**运动学**（Kinematics）、**动力学**（Dynamics）和**控制论**（Control theory）来解决。

问题 1：基于运动学计算目标夹角

我们先看第一个运动学问题。在图 5-8 所示的连接系统中，每一个连接杆的末端与其所连接的前一个连接杆的末端形成了一个变换，该变换可以写成一个变换矩阵。将每一个连接杆的变换矩阵相乘即可得到由底座到末端的变换。例如，在图 5-8 所示的连接系统中，由底座 W 到末端 eff 的变换可以写成：

$$T_{W \to eff} = T_{W \to A} T_{A \to A'} T_{A' \to B} T_{B \to B'} T_{B' \to C} T_{C \to C'} T_{C' \to eff}$$

连接系统中所有夹角的一组取值称为一个**位形**。位形决定了由底座到末端的变换矩阵 $T_{W \to eff}$，继而决定了末端的位置。实际操作中，我们希望计算一个位形，依此位形可以将末端置于目标位置。由于不同位形可能对应同一个末端位置，所以该问题可能有多个解。另一方面，这个问题也可能没有解，说明该终端位置是无法实现的。

图 5-8 中的连接杆都是通过旋转轴连接的，机器人中可能会包含很多不同形式的连接。图 5-9 给出了一些可能的连接方式，这些复杂的连接方式组合起来可以使机器人的动作非常灵活。一般用**自由度**来描述机器人的灵活程度，自由度可粗略理解为连接的个数。例如，图 5-8 所示的机械臂的自由度是 3。

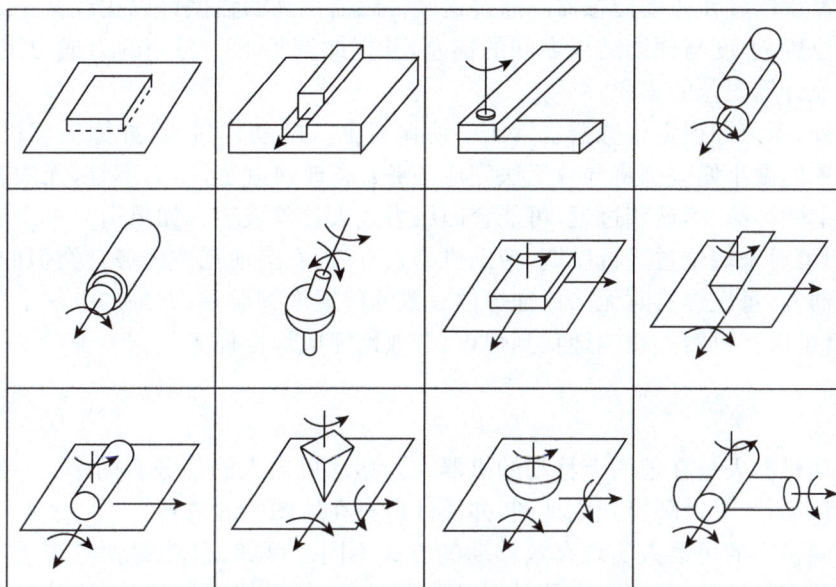

图 5-9　机器人连接系统中可能的几种连接方式

问题 2：基于动力学设计力矩

基于问题 1,可以得到令末端置于指定位置的位形方案。但是,要实现该方案需要对每个连接杆施以足够的力矩。设计合理的力矩以实现目标位形是动力学要解决的问题。解决该问题的主要理论基础是牛顿力学,特别是欧拉角加速度方程。处理步骤如下。

(1) 设计加速—减速方案,即以当前位形为起点,目标位形为终点,通过何种角加速度方案(包括加速和减速)来实现这一变化。

(2) 基于每个连接的角加速度,计算每一时刻施于该连接杆上的力矩。这一计算需要利用欧拉角加速度方程,同时需要考虑连接杆的质量分布。

(3) 基于连接杆之间的连接关系,计算出应该对每个连接杆施加的额外力矩。这一力矩即是动力系统应提供的力矩大小。

上述过程适用于类似图 5-8 的旋转连接。如果存在其他连接方式,则需要施加的可能不只是力矩,还包括压力和牵引力,这时则需应用牛顿线性加速度方程。

问题 3：基于控制论进行过程调节

理论上,如果对连接杆的质量分布有较好的估计,加速—减速方案设计比较合理,应该可以较精确地计算出到达目标位形所需的力或力矩。但是,在实际应用时,对连接杆自身质量分布的估计可能存在误差,对重力、摩擦力的计算也不会完全精确。这些误差经过时间积累,会严重影响机器人的动作精度。为解决这一问题,很多机器人引入了**反馈机制**,通过安装传感器来监视动作的完成情况。最常用的传感器是位置和速度传感器。通过这些传感器得到的数据可以比较某一时刻连接杆的位置、速度与预期结果之间的偏差，并据此调整下一时刻的力或力矩大小，从而避免计算误差的累积。

另外，压力和视觉传感器也常用于协调机器人的动作过程，如擦玻璃机器人，末端位置的微小偏差都将导致无法完成任务：离玻璃过远，压力不够，无法有效擦除玻璃上的污渍；离玻璃过近，可能会因压力过大打碎玻璃。如果引入一个压力传感器，即可对末端位置进行微调，帮助机器人有效、安全地完成任务。类似的，对于焊接机器人，每次焊接时无法保证焊件放置的位置没有误差，如果加上一个视觉传感器，就可以让机器人精确地找到焊点，有效地完成焊接任务。

5.2.2　移动机器人

移动机器人是在地面上移动的机器人。移动机器人的任务有两个：一是实现有效的移动；二是对环境建立地图，并估计自身在地图中的位置。

不同种类的机器人实现有效移动的方式不同。例如，自动驾驶汽车通过加油可以实现有效移动，但要考虑移动时的限制条件（如不能平行移动，移动时需考虑尾部占用的空间等）；人形机器人要设计合理的四肢动作（如抬腿轨迹），并通过动力系统实现该动作。不论哪种移动方式，我们都假设机器人对自己的行为特性是了解的，只要给予合理的动力就可以实现有效移动。

接下来，需要对环境建立地图，并估计机器人自身在地图中的位置。一种常见的方式是推着机器人先走一遍既定路线，让它记录下所见到的场景。这些场景的记录称为观测变量，可以是摄像头拍摄的照片，也可以是雷达的反馈信号等。经过若干次观测后，机器人即可建立一幅内部地图。该地图事实上是与位置对应的观测变量的记录。当机器人自主移动时，可基于自身的动力模型对下一时刻将到达的位置进行预估，并基于地图所记录的观测变量对该位置进行修正，从而得到更好的位置估计。

当前很多机器人具有实时学习地图的功能，即同时进行位置估计和地图构建，这一方法称为**同步定位与地图构建**（Simultaneous localization and mapping，SLAM）算法。基于这一算法，定位与地图构建是同步进行的：首先基于当前地图估计机器人所处的位置，该位置估计与得到的观测变量又可用于对地图进行求精。特别是当多次经过相近位置时，通过多次得到的观测变量对位置估计进行反复修正，从而逐步提高地图的精度，如图 5-10 所示。

图 5-11 给出了基于 SLAM 算法得到的一幅地图。该算法是一种基于图的 SLAM 算法，其中每个点（图中网状部分）代表位置点，点之间的连线代表两点间的关系（如路径长度、摄像头所拍摄图像之间的差异等）。这些点和连线组成一幅位置图。有了一幅初始地图以后，可基于多次观测的数据对其进行修正，得到求精后的地图。

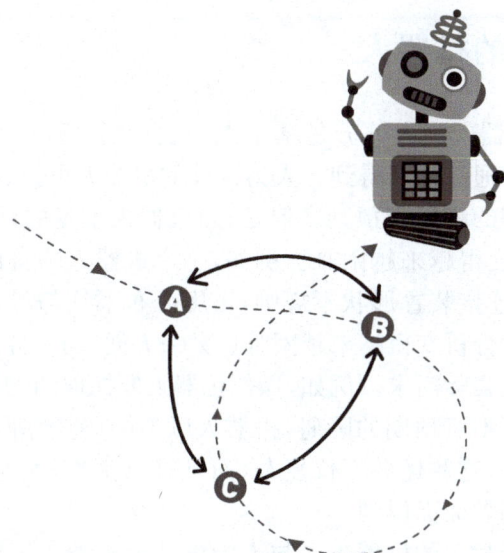

图 5-10　同步定位与地图构建

注：机器人在地图构建过程中会走过同一位置，这时不同时刻的观测变量可以用来对每次的位置估计进行修正。例如，图中 A、B、C 点的观测变量可以共同用来对这三点的位置估计进行修正。

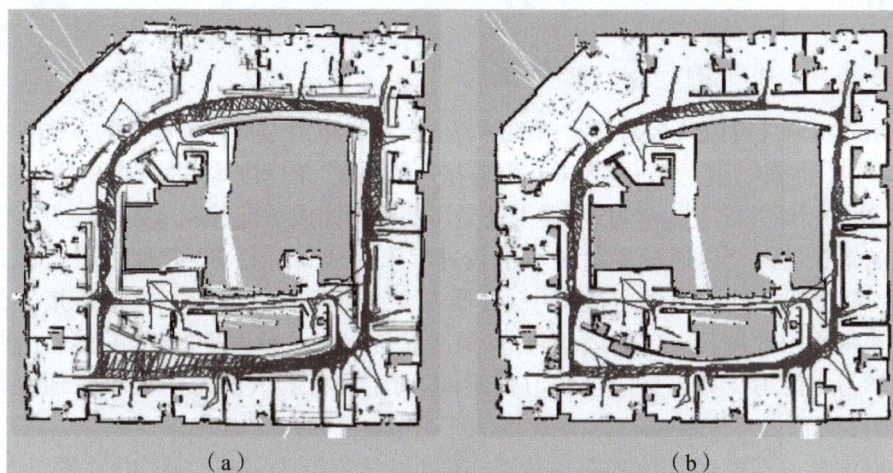

（a）　　　　　　　　　　　　　　　　（b）

图 5-11　SLAM 算法生成的地图（Intel 实验室）

注：图中每个点（图中网状部分）是机器人所在的位置（这些位置是估计值），点之间的连线是不同位置之间的关联性。（a）是粗略估计的地图，（b）是对该地图修正后的结果。在修正过程中，通过算法对每个点的位置进行调整，使之与观测数据（如摄像头拍摄的照片）更加吻合。

5.3 基于学习的机器人

5.2节所述的机器人绝大部分是基于人为设计的,每一个动作的出现都根据一定的动力学原理并通过计算得到。人为设计的机器人可控、稳定,对机器人的行为方式能够作出合理的解释和预判。但是,当机器人本身的动力学系统比较复杂时,机器人的设计会变得越来越困难。例如,一个机器人的自由度可能很高,连接形式可能多种多样,连接装置形状不规则,密度分布不均匀等,这些复杂性让机器人的运动学和动力学分析变得越来越困难。另一方面,当任务变得复杂时,人为设计也越来越难以满足实际需求。例如,操作机器人要抓取的物体形状各异,移动机器人的运行路线充满不可预期的障碍,机器人以不同姿势摔倒后需要采取不同的方式才能站立起来等,这些任务不仅复杂,而且难以预测,人为设计很难做到对这些难以预测的复杂场景面面俱到。

本节将讨论基于学习的机器人。与人为设计的机器人不同,这种机器人的行为方式很大程度上来源于外界经验。这些经验有可能是人传授的,也有可能是机器人自己尝试出来的。不论哪种方式,都不需要对机器人的每一个动作进行设计,只需要告诉它要完成什么目标,剩下的由机器人去自主学习,这种学习方法称为**强化学习**。

5.3.1 简单的例子:模仿学习

示教机器人可以认为是最简单的学习。示教是指由人拉着机器人的末端把任务执行一遍,机器人记住这一过程中每个连接点的角度、角速度等,即可重现这一过程。但是,这种示教并非自主学习,机器人还是需要计算完成示范过程所需要的力矩。

如果机器人可以通过主动学习示教过程来完成目标任务,这种机器人即是模仿学习机器人。在这一学习过程中,机器人会通过不断尝试施于每个连接上的力矩以获得和示教过程一致的运动轨迹,最终获得完成示教过程的操作技巧。注意,模仿学习中的力矩大小是通过学习得到的,而示教机器人的力矩大小是通过计算得到的。

模仿学习不仅可以学习运动轨迹,还可以学习行为策略。例如,在图5-12所示的学习任务中,机器要学习如何将小球绕起来。人完成这一过程的动作是很复杂的(如图5-13所示),而且人的反馈机制和机器的反馈机制有所不同,模仿人手指的动作比较困难。但是,机器可以模仿小球成功绕起来后的轨迹形状,并以此为目标进行尝试,直到学习到将小球绕起来的技巧。在绕起来这件事上,机器和人的方法很可能是不一样的(事实上人的每次示例也是不一样的),但其结果是一样的。机器学习的正是达成这一结果所用的策略,而不是模仿人的绕动过程。

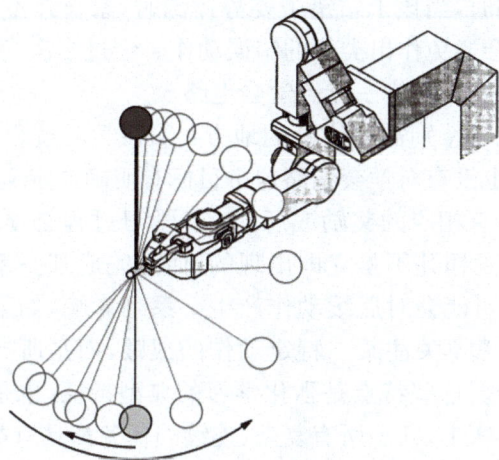

图 5-12　机器学习人绕小球的实验

注：小球通过软线连接在机器末端，人会给出若干次示范，机器需要通过学习这些示范来学会将小球绕起来的技巧。

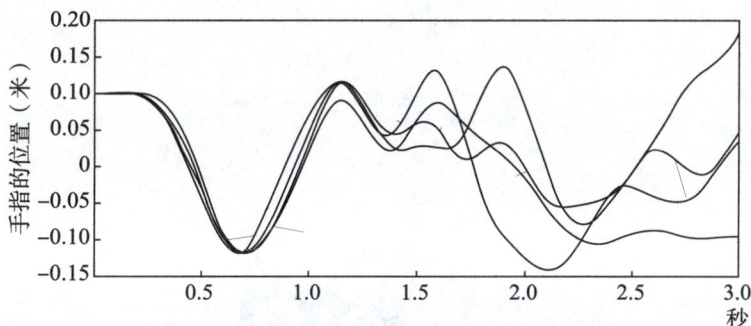

图 5-13　人绕小球的几次示例中手指的动作轨迹

注：横轴是时间，纵轴是手指的位置。可见，人在绕小球时动作也是不尽相同的。

5.3.2　强化学习

有了模仿学习的经验，下面可以讨论更通用的强化学习。在模仿学习中，需要给机器人一个或几个例子，让它仿照操作。在一般的强化学习中，没有这些例子可以模仿，机器人需要主动和环境打交道，从中得到反馈，基于此不断修正自己的行为方式，直至得到最优回报。

以我们小时候学习走路的经验为例：刚开始的时候孩子并不会有任何目的性的动作，只会随机活动四肢，家长也不会刻意帮他抬腿、迈步，也不会解释行走的好处，但会在他偶尔站立、扶着墙挪动的时候给予鼓掌、拥抱等鼓励，让孩子倾向于继续尝试这些动作。同时,当孩子站错了姿势摔倒时,家长并不会马上批评他,但他会感到疼痛,下次就会避免作出类似的错误动作。经过多次尝试后,孩子就会渐渐学习到站立、迈步的技巧,最终一点点学会走路。

上述例子中有几个特别需要注意的地方:①在学习过程中,并没有对每一个动作进行具体指导,也没有对学会走路这个目标有明确的定义,但当孩子的动作向目标趋近或远离时会有相应的奖励或惩罚;②学习过程必须不断尝试,在尝试中获得经验;③奖励或惩罚并不是立即出现的,而是完成某一系列动作之后才延迟出现;④某一个动作可能会对后续动作产生一系列影响,如某一关节活动会直接影响后续动作;⑤通常不关注某一特定动作的成败,而是所有动作得到的总体效果(如最终学会走路)。这些特点是强化学习的典型特征,也是判断是否应该使用强化学习的标准。事实上,几乎所有复杂、连续的任务都具有类似特点,因此,强化学习具有广泛的应用价值。如果用比较形式化的语言来定义,可以认为强化学习是一类学习方法的总称,这类学习方法通过主动和环境进行**交互**,利用环境给出的**反馈**(奖励或惩罚)学习**行为策略**,使得最终**收益**最大化。图 5-14 给出了强化学习的流程图。

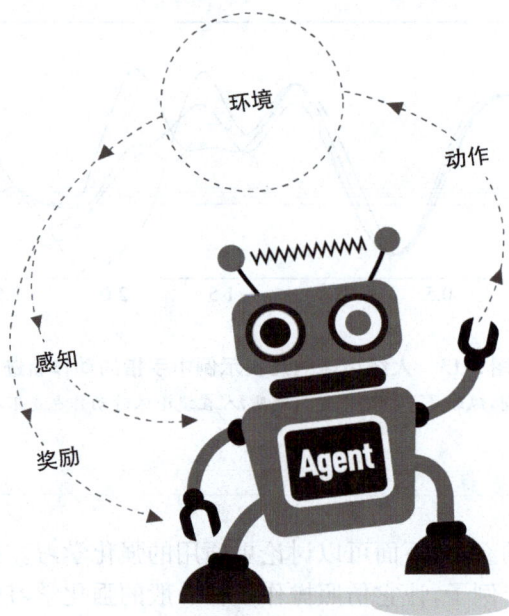

图 5-14　强化学习的流程图

注:机器人通过感知环境信息获得当前环境状态,基于该状态和自身行为策略产生动作。该动作作用于环境,环境对机器人给出反馈(奖励或惩罚),这一反馈被用来调整机器人的行为策略。机器人动作完成后的环境状态被机器人再次感知(可能是由机器人动作产生的变化,也可能是环境自身的变化),并基于新的行为策略开始下一轮交互。

　　强化学习任务可分为两种,一种称为**多轮任务**;另一种称为**连续任务**。多轮任务(如象棋、围棋等游戏)按局决定成败,每一局成本低、时间短。连续任务(如股票操作、商业运作、无人机操作等)是长期运行的,奖惩信号随时可能出现。这两种任务中所用的强化学习方法是不同的。

　　对多轮任务,一般采用蒙特卡洛(MC)算法。该算法完整模拟一次任务执行过程,通过任务结束后的收益调整行为策略。以围棋游戏为例,MC 算法基于当前策略生成一个模拟盘,按模拟盘的输赢对策略进行调整,使得下次走棋时更为聪明。对连续任务,一般采用时序差分(TD)算法。这一算法基于当前行为策略生成一个动作,这个动作通常会立即得到一个反馈(也可能在若干个动作后得到一个反馈),基于这一反馈对行为策略进行即时调整。

　　MC 算法和 TD 算法都基于随机采样,即以当前策略为基础,在最佳动作上加入一定随机性。换句话说,这两种方法每一步产生的动作并不一定是当前策略的最佳动作。这种随机性有利于在学习过程中摆脱当前策略的束缚,探索价值更高的行为方式。MC 算法和 TD 算法只是随机采样的深度不同:MC 生成一系列行为,直到一轮任务执行完成;而 TD 只生成一步行为,如图 5-15 所示。事实上,对于一些多轮任务,奖惩会随时出现(如打游戏时屏幕上给出的分数),这时需要在几步采样后进行策略调整,因此可视为 MC 和 TD 的折中。

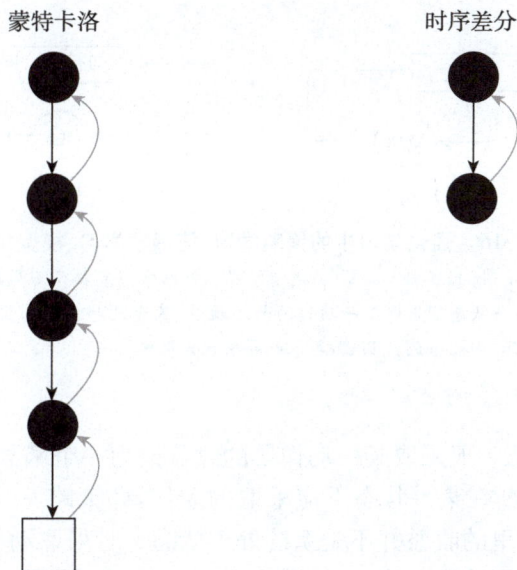

图 5-15　强化学习中的蒙特卡洛(MC)算法和时序差分(TD)算法

　　注:黑色箭头代表随机行为生成过程,浅灰色箭头代表策略调整过程。黑色实圆圈表示中间状态,白色方框表示结束状态。

5.3.3 强化学习的学习对象

我们已经知道了强化学习的基本概念以及 MC 和 TD 等基本算法,现在还有一个问题没有解决:不论是 MC 还是 TD,学习的对象是什么?换句话说,用什么样的数据结构来实现学习?下面我们将了解三种学习对象:行为策略、价值函数、环境模型。相应的学习为策略学习、值函数学习、模型学习。

1. 策略学习

策略学习最直接的方法是对策略函数进行学习,记为 $\pi(s)$,即在状态 s 时应采取的动作。在学习时,通过对 $\pi(s)$ 的参数进行调整,使得 $\pi(s)$ 与环境交互所产生的总体收益最大化,如图 5-16(a) 所示。这种方式直接学习行为准则,简单明了,但对环境的动态特性(如状态间的跳转,每个状态下的收益等)没有任何假设,因此需要更多的训练数据。近年来,随着深度学习的发展和大数据的积累,策略学习越来越受到重视。

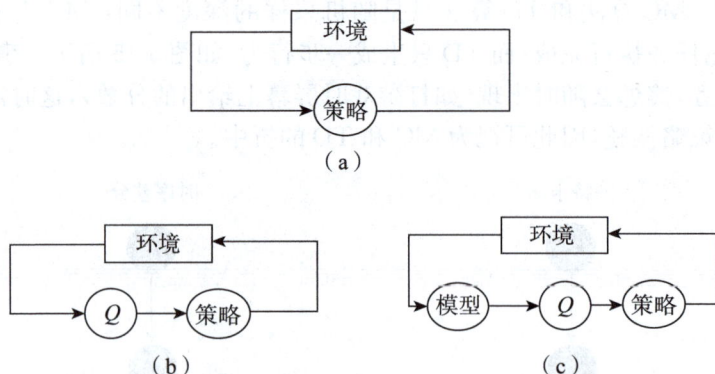

图 5-16 强化学习中的策略学习、值函数学习、模型学习

注:(a)策略学习;(b)值函数学习;(c)模型学习。策略学习直接学习选择何种动作的行为策略;值函数学习学习某一状态下采取某一动作的长远收益,基于此导出行为策略;模型学习学习环境反馈和状态跳转规律,由此得到值函数,再依此导出行为策略。

2. 值函数学习

如果将某个状态 s 下采取某一动作 a 的收益记为一个函数 $Q(s,a)$,则可根据 $Q(s,a)$ 的值直接判断在某一状态下应采取的动作,即策略 $\pi(s)$。$Q(s,a)$ 称为动作值函数。注意,这里的收益并不是系统处于状态 s 时采取动作 a 的即时收益,而是由状态 s 出发,如果采取动作 a,机器人运行足够长时间后得到的收益总和(一般计算为平均收益或加权平均收益),如图 5-16(b) 所示。因此,可以通过学习 $Q(s,a)$ 实现对策略的学习。和策略学习一样,值函数学习不对环境动态性进行建模,需要较多训练数据。

3. 模型学习

模型学习首先对环境建模,包括当系统处于某一状态 s 时,如果采取某一动作 a 后系统将到达的状态 $T(s,a)$,以及得到的即时反馈 $r(s,a)$。当这两个函数学习完成后,即可计算出动作值函数 $Q(s,a)$,依此生成行为策略 $\pi(s)$,如图 5-16(c)所示。模型学习对环境进行建模,通常在学习样本较少的情况下可取得较好的效果。

5.4 深度强化学习方法

无论用哪种学习方式(模型、值函数、策略),在强化学习中都需要对环境状态 s 进行判断,否则很难有好的学习效果。在简单搜索任务中,s 是离散的、确定的,但在大量实际任务中,环境输入是摄像头得到的图片、雷达的反馈、超声的反射,这些信号是非常原始的,要从这些原始信号中判断环境状态非常困难,即便是围棋这种状态离散的任务,由于状态空间过大,用传统的状态表或简单函数近似的方法也不会取得让人满意的效果。

在前面几章中,曾数次提到深度学习的强大建模能力。与传统学习方法相比,深度学习的优势在于可以将原始感知信号逐层处理,学习到与任务相关的高级特征。这一性质可用来从感知信号中提取环境状态,使得强化学习可以扩展到以感知信号作为环境输入的复杂任务中。从深度学习的角度看,强化学习提供了一种不同的学习方式,这种方式用滞后的、长远的目标替代了传统监督学习中的即时目标,使学习更有方向性。

将深度学习和强化学习结合起来的方法称为深度强化学习。深度强化学习是当前机器学习乃至整个人工智能领域研究的热点之一,取得了一系列让人振奋的成果。下面将讨论几个深度强化学习的例子。

5.4.1 Atari 游戏

游戏一直是强化学习擅长的领域,从最初 Samuel 的西洋棋到 Tesauro 的 TD-Gammon,但是,在 2016 年以前,可能没有人会想到机器玩起游戏来竟如此强大,不仅可以在简单游戏中战胜人类业余选手,还可以在极为复杂的任务中战胜人类顶尖高手。

突破从 DeepMind 公司利用深度 Q-learning 网络(DQN)教会机器玩 Atari 游戏开始。Atari 平台包括 49 个游戏,学习方法很简单:把游戏画面传给计算机,让它通过观察这些画面来控制游戏杆,像人一样操作游戏。基于学习信号的复杂性和交互性,这是一个典型的强化学习任务,其中,观察值为所看到的游戏画面,动作为对游戏杆的操纵,反馈为屏幕上给出的奖励分数,总收益为游戏结束后得到的总分值。在这一任务中,唯一的困难是输入的观察值太过原始(游戏画面),将这一观察值直接作为状态输入很难被机器理解。为此,DeepMind 的研究员们用一个多层卷积神经网络(CNN)来提取状态信息,以动作值函数 $Q(s,a)$ 为对象进行强化学习。经过多层 CNN,原始游戏画面中关于游戏状态的信息被逐层抽象出来,得到一个状态空间。基于这一状态空间,机器即可学习到在不同状态下采取某一操作的价值,即 $Q(s,a)$ 函数。图 5-17 给出了这一深度网络的结构。

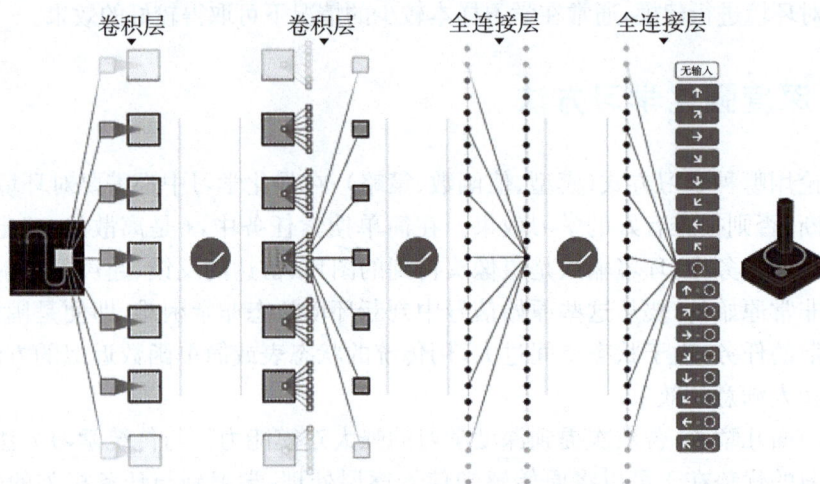

图 5-17　基于 DQN 的 Atari 游戏学习框架

注:输入为原始游戏画面,网络包括两个卷积层和两个全连接层,输出为每个动作所对应的收益,即动作值函数 $Q(s,a)$ 的值。

5.4.2　AlphaGo Zero

AlphaGo 是深度强化学习的另一份杰作。在 AlphaGo 之前,已经有数个团队在开发围棋程序,如 Zen 和 Crazy Stone,这些程序的基本思路和击败卡斯帕罗夫的国际象棋程序深蓝类似,大量采用启发式搜索算法。由于围棋的复杂性,这些先期程序的棋力仅与业余高手相当,无法击败高段位职业棋手。

AlphaGo 是 DeepMind 开发的围棋程序,其基本思路是采用深度强化学习方法,将整个棋盘作为输入,通过若干层 CNN 网络提取棋局状态,并基于强化学习方法进行训练。为了取得更好的效果,AlphaGo 还加入了大量监督学习以模仿人类的走棋方法。

2017 年 10 月 19 日,DeepMind 团队在《Nature》杂志发表论文,不再学习人类的棋谱,而是完全依赖深度强化学习,通过自我对弈学习机器自己的走棋方式。该系统称为 AlphaGo Zero。因为没有人类的棋局信息,AlphaGo Zero 学到的是完全属于机器的围棋,只管胜败、不计手段的围棋。DeepMind 的论文表明,使用64 个 GPU 和 19 个 CPU,AlphaGo Zero 用三天时间完成了自我对弈 490 万局。几天之内它就发展出击败人类顶尖棋手的技能,而早期的 AlphaGo 要达到同等水平需要数月的训练。

　　图 5-18 给出了 AlphaGo Zero 的走棋和学习过程。在第 t 步走棋时，基于当前的深度 CNN 网络生成一棵搜索树，这棵树称为蒙特卡洛树（MCT）。基于这棵树可以计算出落子概率 π_t，依此概率即可决定下一步落哪颗子是最优选择（即采取何种动作）。每一步落子都会建立一棵蒙特卡洛树，并由此决定落子方法，直到终局（时刻 T）。

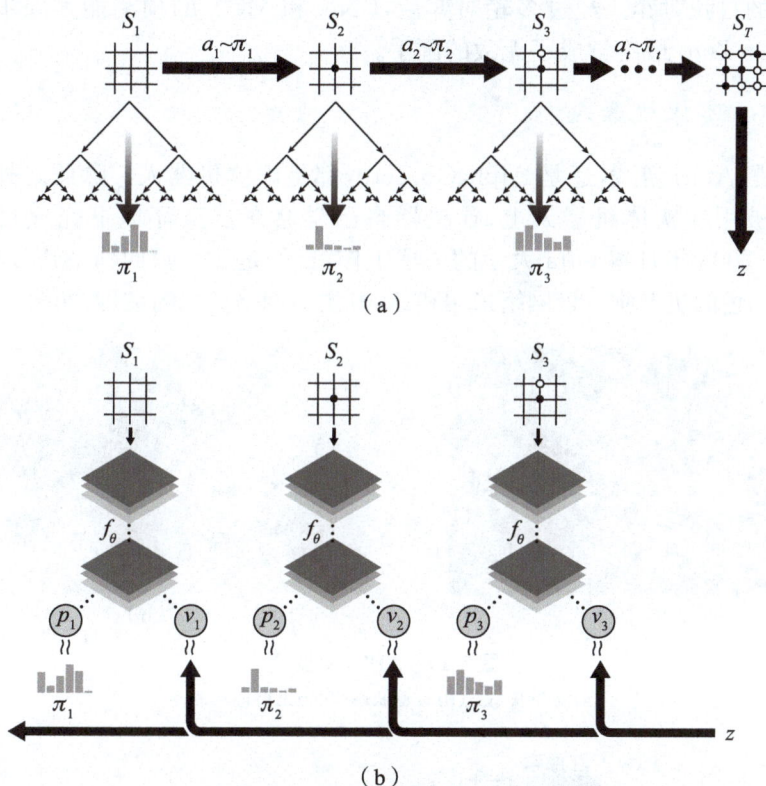

图 5-18　AlphaGo Zero 的走棋和训练过程

　　注：（a）自主学习；（b）神经网络训练。走棋时（a 图），每一步都在当前 CNN 指导下生成一棵 MCT，基于该 MCT 计算出落子概率 π_t，由此决定落子 a_t。在训练时（b 图），当一局终了后，调整 CNN，使其对每一步棋盘的走棋概率预测尽量接近由 MCT 得到的结果，并使对每一步棋盘的胜率预测与实际对弈结果尽量一致。

　　MCT 是基于深度 CNN 网络生成的，目的是模拟走棋过程（类似于人类棋手在下棋时往前看步），以确定不同走法的输赢概率。在构建 MCT 的每一步时，将当前的模拟棋盘作为 CNN 的输入，由此计算出：①在该模拟棋盘下的走棋概率；②当前模拟棋盘的胜率。这些信息被用来指导 MCT 的生成。需要说明的是，MCT 的输出和 CNN 的输出都是在一定棋局下的走棋概率，但基于 MCT 的概率要比 CNN 的输出更准确，因为它建立在模拟走棋的基础上，可以利用更多信息，特别是接近终局时的输赢信息。反过来,因为 MCT 是由 CNN 指导生成的,CNN 的预测能力也直接决定 MCT 的预测能力。

在对 CNN 进行训练时,训练目标是使 CNN 对走棋概率的预测与 MCT 的预测尽可能接近(因为 MCT 的预测能力更强),同时使 CNN 输出的胜率与自我对弈的结果一致。这些信息被用来调整 CNN 的权重,从而得到一个更强大的 CNN,用于下一轮的自我对弈。经过多轮对弈后,CNN 和 MCT 的预测能力同步增强,使得 AlphaGo Zero 最终学成了无敌的国手。

5.4.3　实体机器人

不论是 Atari 游戏,还是 AlphaGo Zero,都是虚体机器人。除此之外,深度强化学习也被用在实体机器人上,让机器自己学会在复杂环境下完成目标任务。图 5-19 是 2008 年日本 Oita 大学的一项工作,目的是让一只叫作 AIBO 的机器狗亲吻一只白色的机器狗。该网络采用和 Atari 游戏网络类似的结构,如图 5-20 所示。

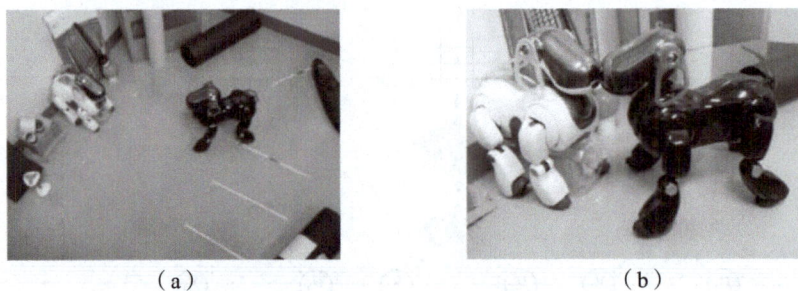

（a）　　　　　　　　　　　　　（b）

图 5-19　AIBO 机器狗

（a）初始状态；（b）目标状态,即吻上白色机器狗

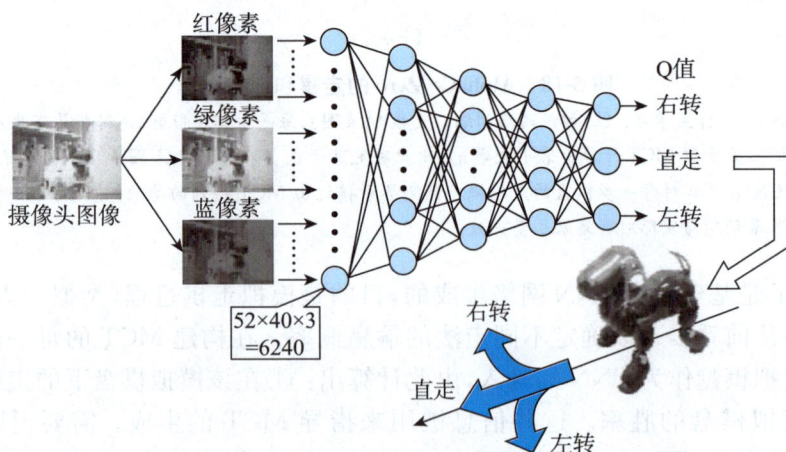

图 5-20　AIBO 机器狗的深度强化学习网络

该网络输入为摄像头拍到的照片,输出为直走、左转、右转三个命令,网络结构是全连接网络。训练时,如果接触到白狗,会给系统一个很大的奖励,如果白狗从视野消失,会给相应的惩罚。通过多次训练,AIBO 即可学习到如何接近白狗的行为方式。

图 5-21 是美国加州大学伯克利分校 2017 年的一项工作,其目的是让一辆小车自动学习到在室内复杂环境下的驾驶技术。这个小车只有一个摄像头,训练的目标是在行驶过程中不要发生碰撞。图 5-22 给出了该系统的网络结构,其输入为摄像头拍摄的当前和过去的若干时间段的图像,以及可能执行的动作,输出为未来 $t+h$ 时刻发生碰撞的概率 $\hat{y}_{t+h}$ 以及未来 $t+h$ 时刻的系统总价值 b_{t+h+1}(可以理解为安全状态)。网络训练时,小车根据当前策略自主驾驶,如果没有发生碰撞,给予一个正向奖励;如果发生了碰撞,则给予一个负面惩罚。经过四个小时的自主学习后,该小车学会了安全驾驶的技巧。

图 5-21　加州大学伯克利分校开发的自动驾驶小车

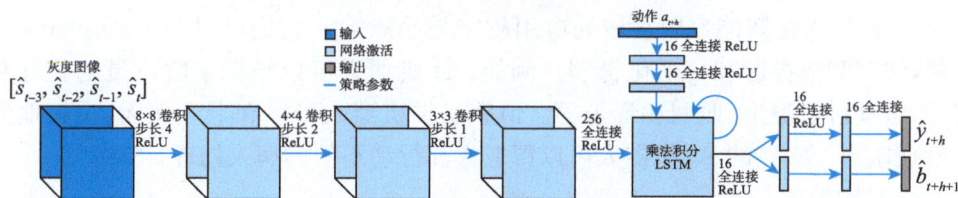

图 5-22　图 5-21 中自动驾驶小车的强化学习网络

注:输入包括①摄像头在一段时间内拍摄的图像,②采取的动作;输出为该动作可能产生的后果,包括发生碰撞的概率和系统的安全状态。

5.4.4　两种机器人的比较

我们讨论了基于人为设计的机器人和基于学习的机器人。这两种机器人各有优缺点：基于人为设计的机器人安全可靠，但要处理复杂环境中的复杂任务则比较困难；基于学习的机器人可以适应复杂场景，但需要做大量尝试。对于虚拟机器人，怎么尝试都无所谓，但对实体机器人，试错带来的风险往往不可容忍。因此，当前基于学习的机器人大多用于虚拟任务。如何利用模拟数据对实体机器人进行大规模训练，以减少实际尝试带来的风险是非常重要的研究方向。

5.5 机器人的应用场景

1. 自动驾驶

自动驾驶不仅可以提高安全性和舒适度，还可以提高交通效率，在一些路况简单的场景下已经投入使用。例如在美国的一些城市，无人驾驶的出租车已经获准上路。在我国，包括上海、天津、珠海、厦门等多个港口的无人卡车陆续落地。天猫超市的"曹操"机器人是一台用于仓库的送货机器人，它可以迅速确定商品在仓库的位置，规划出捡货路径，拣完货后把货物运送到打包台。

2. 工业制造

动作机器人在工业制造领域大显身手，极大提高了生产效率，降低了成本。除了传统示教类的机械臂，当前的工业制造机器人集成了视觉、触觉、听觉等更丰富的感知能力，智能性更高，对抗环境变化和突发事件的能力也越来越强。

3. 医疗辅助

AI机器人在医疗领域的应用越来越广泛。它们可以使用机器学习算法分析医学图像，辅助医生进行诊断和治疗。此外，AI机器人可以监测患者的生理参数，提醒他们按时服药，并向医生报告患者的状况。动作类机器人还可以直接成为医生的手术工具，完成高精度手术，甚至可以远程操作，给医生和病人带来极大便利。

4. 智能家居

AI机器人在智能家居领域的应用越来越受欢迎。它们可以与家居设备进行连接，实现智能控制和自动化管理。例如，AI机器人可以根据家庭成员的喜好和习惯，自动调节温度、照明和音乐等。情感陪护机器人可以和老人聊天，缓解他们的心理压力。实体的AI机器人可以帮老人和行动不便的病人处理日常起居。

5. 救灾抢险

机器人在发生灾害时可以快速组织起抢险救灾工作，不用担心次生灾害的风险。例如，在2011年日本地震和海啸中，机器人在搜索被困者方面立下了汗马功劳。在2013年4月的四川雅安地震中，中国自主研制的自主型旋翼无人机系统首次得到应用，用于运送物资，搜救被困者。该无人机最大任务载荷为40kg，最大巡航距离为120km，可在3000m高空飞行。在2020年新型冠状病毒感染中，无人驾驶汽车被送到武汉光谷方舱医院投入工作，用于运送物资。在智能方舱医院里，一些机器人给病人们配送食物、药物和传递信息,而另一些机器人则负责消毒杀菌、清理地面。

6. 科学探索

机器人被广泛应用于探索人类无法涉足的危险禁区,如外太空和深海。在这些地方,机器人可以帮助科学家收集环境信息,进行样本采集,甚至完成科学实验。例如,2021 年我国发射的天问一号火星车就是一台具有很强智能的机器人,降落在火星表面后进行了一系列数据采集和分析实验。近年来,人们开始设计能帮助科学家做实验的科研机器人,它们不仅可以像人一样动手完成实验,还可以主动分析实验结果,并据此设计下一步实验方案并主动执行。这样不用休息的实验机器人正在加速人们对大自然的探索进程。

5.6　AI 实践:AI 机器人

AIDemo 提供了一个基于强化学习的 Doom 游戏程序 fps-game,以帮助读者理解强化学习的强大能力\cite{dosovitskiy 2016learning}。这一程序是一个会打 Doom 游戏的 AI 机器人,基于深度强化学习方法训练得到。训练时使用 MC 采样生成训练样本,训练的目标是基于当前状态预测某一动作的未来收益。这一模型称为 DFP(direct future prediction)模型,如图 5-23 所示。与很多深度强化学习方法不同的是,DFP 引入了一个任务向量(Goal Vector),基于该向量可灵活定义动作的收益。在我们的程序中,这一任务向量包括三个元素:弹药、生命和杀怪数,任务向量即是这三个元素在动作收益中的比重。在训练时,选择各种可能的任务向量使得模型适应不同的收益偏好;在运行时,定义不同的任务向量,即可以改变机器人的行为方式。

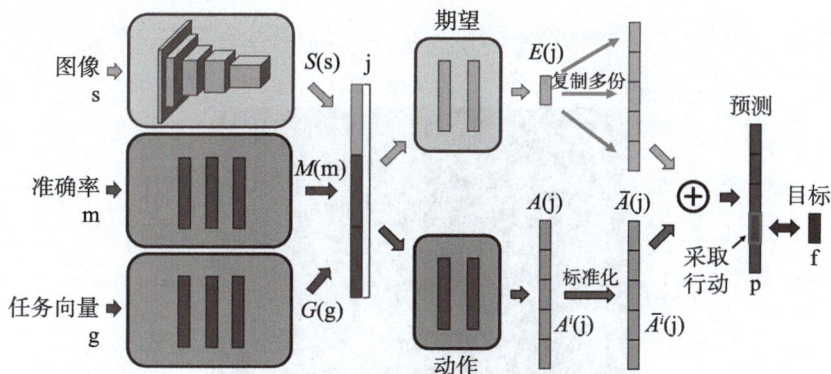

AI 机器人实践

图 5-23　fps-game 实践程序中的 DFP 模型

注:该模型的输入中包含一个定义收益倾向性的任务向量(Goal Vector)。图片来自～\cite {dosovitskiy2016learning}。

查看该实践程序代码文件的方法如下。

在 AIDemo 桌面打开终端，进入 robot/fps-game 文件夹，如图 5-24 所示。查看 run.sh 程序，可以看到该程序调用 example 文件夹中的 run_exp.py 程序。run_exp.py 程序包含 3 个参数，分别对应在游戏过程中对剩余弹药数、生命值和杀怪数的重视程度，如图 5-25 所示。这 3 个参数可以用来调节机器人在游戏中的行为。

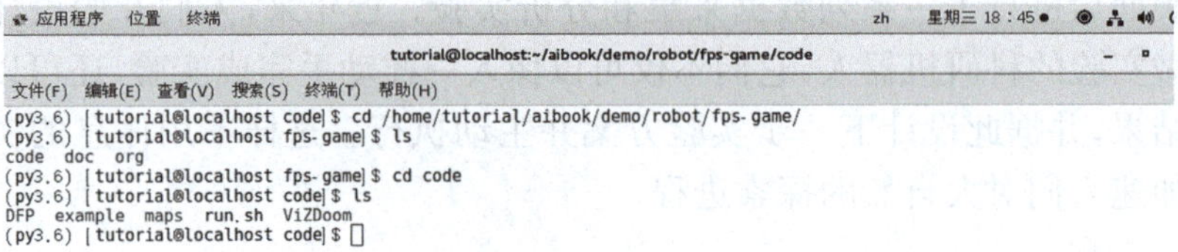

图 5-24　fps-game 文件夹内容

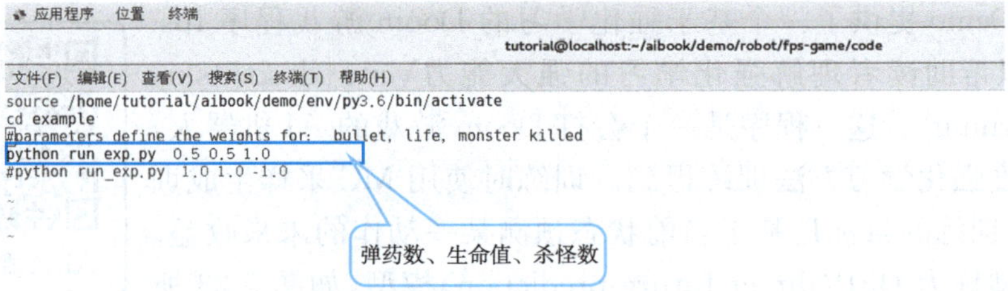

图 5-25　run_exp.py 程序

实践任务 1：运行默认配置

游戏的默认配置里对弹药、生命、杀怪数的权重分别为 0.5、0.5、1.0。进入到 fps-game 的子文件夹 code 中运行 run.sh 程序，可以看到一个游戏窗口，里面有一个人在闯关杀怪，如图 5-26 所示。这一游戏会持续十几秒钟。运行结束后在终端

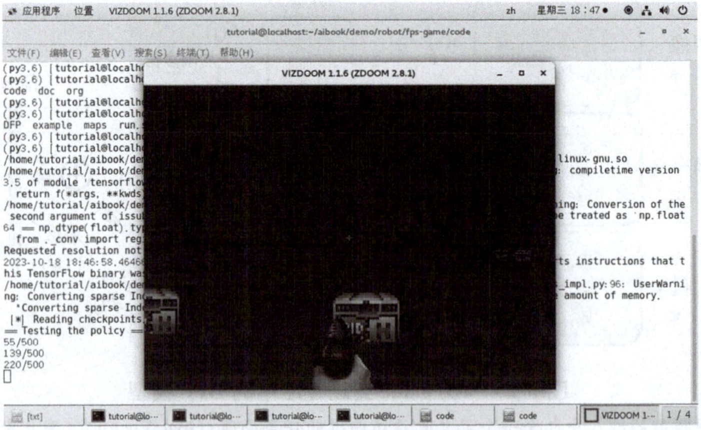

图 5-26　fps-game 实践程序的运行画面

窗口会显示出本次运行结束时的状态和收益,如图 5-27 所示。从这一结果来看,程序在弹药、生命、杀怪数 3 个方面的表现分别为 53.58、99.46、14.02,游戏获得的平均收益为 26.0。值得说明的是,游戏的运行是随机的,因此每次得到的结果是不同的,图 5-27 所给出的只是某一次运行的结果。

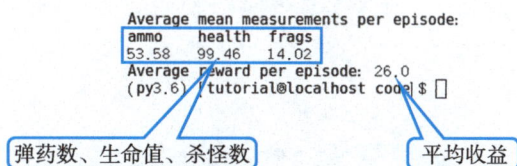

图 5-27　默认配置下的游戏运行结果

实践任务 2:改变任务向量

打开 run.sh 程序,修改调用 run_exp.py 时的 3 个参数,即任务向量。这 3 个参数可以取-1 到 1 之间的任意小数。任务向量中某一个参数设得越大,对应的目标就越重要。例如,将 3 个参数设定为[1.0,1.0,-1.0]时,机器人将会更加珍惜子弹,维持生命,但尽量不击杀怪物。图 5-28 所示为基于这一设定的运行结果,可以看到这次一个怪物也没有杀掉。请读者自行修改任务向量,并重新执行 run.sh 程序,观察改变任务向量对游戏结果的影响。

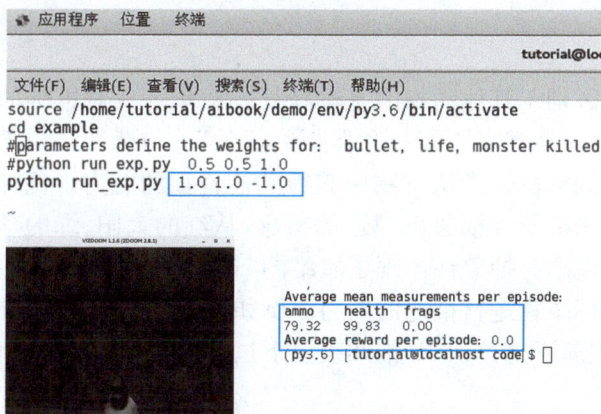

图 5-28　修改任务向量为[1.0,1.0,-1.0]的运行结果

思考题

(1) 人为设计的机器人需要解决哪些主要问题?

(2) 深度神经网络在深度强化学习中主要起什么作用?

(3) 基于强化学习,机器人可能产生自主行为吗?

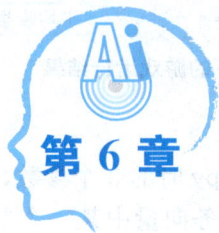

第 6 章　思维与智能

　　思维是人类区别于其他动物的基本特征。新华字典对思维的定义是"理性认识的过程,是人脑对客观事物间接和概括的反映"。与感性认识不同,思维具有**抽象性**和**间接性**。抽象性是指从事物中获得共性特征的能力。例如,人们从一个太阳、两个苹果、三张椅子等抽象出"数"的概念,从红的太阳、绿的苹果、黄的椅子等抽象出"颜色"的概念。抽象性体现了思维的归纳能力。间接性是指以其他事物或现象为媒介对目标事物进行推论的能力。例如,早晨看见地面潮湿,推知夜里下过雨,看到地面潮湿属于感性认识,推知夜里下过雨属于理性认识。间接性体现了思维的推理能力。

　　抽象性和间接性使得思维大大超出了感性认知的界限。通过思维,人们可以了解感知以外的东西,也可以预见事物的发展进程。例如,爱因斯坦从来没有见过时空弯曲,但他通过思考,得出时空弯曲的结论,由此创造了广义相对论。其他科学家也没有见过这种现象,但发现爱因斯坦的论证是严密的,而且由该理论得到的推论和实验结果是相符的,就认可了爱因斯坦的理论,同样也认为时空是弯曲的,这说明了思维力量的强大。

　　思维包括**形象思维**和**逻辑思维**。形象思维是基于直观印象处理问题的思维,其基本思维方式是抽象、想象和联想。逻辑思维是更抽象的思维,需要对事物及其规律作出高度概括,并运用概念、判断、推理等方法探究事物的本质与规律。

思维是人类特有的能力,如何让计算机拥有人的思维一直是人工智能学者追求的目标。事实上,早期人工智能研究的主要目标就是将人类思维(特别是逻辑思维)形式化、计算化。半个多世纪过去了,在这一终极目标的指引下,人工智能经历过辉煌,也陷入过低谷。直到今天,这一目标还非常遥远,人类的思维能力依然远远超过任何一个强大的人工智能系统。尽管如此,机器已经学会了很多,在某些方面甚至取得了令人震撼的成果。本章将了解机器在学习人类思维方面的一些进展。我们首先从形象思维开始,之后再了解逻辑思维。

6.1　形象思维

形象思维是指人们在认识世界的过程中,依靠直观印象解决问题的思维方法。形象思维是在对客观形象感受、体验的基础上,结合主观认识和自身情感进行认知,通过一定的形式、手段和工具(如文字语言、绘画色彩、音乐旋律等)对形象进行再创造(包括艺术形象和科学形象)的一种思维形式。

由上述定义可知,形象思维一般包括抽象和重现两个步骤。抽象是对客观形象的感受和认知,是建立在人的思维体系之上的对外界形象的认识。将抽象后的形象进行加工后再现出来,就是形象思维的过程。可见,形象思维并不是简单的感知,而是对感知内容的抽象、加工,这样重现出来的形象才是形象思维的结果。艺术创作是典型的形象思维过程。写一首诗,诗人首先受到外界事物的刺激,激发内心感悟,形成创作灵感,最后再将这一灵感用符合诗歌规律的文字表达出来。同样,画一幅画,画家观察到某一事物,在头脑中形成对该事物的直观感受,通过加入自己的主观情感,形成抽象的形象,最后通过画笔表达出来。

由此可见,要让机器学会形象思维,必须让它具有抽象能力,即从观察到的数据中抽象出其中具有高度解释性的成分。对数据进行抽象并不是件容易的事,直到深度学习出现以后,研究者才掌握了从原始数据中抽取出抽象特征的工具,机器才具备了抽象能力。掌握了这一能力之后的机器在抽象空间中有了联想和想象能力,进而在一系列领域中取得了令人惊讶的成功。下面将介绍机器通过形象思维在艺术创作领域的两个典型例子。

6.1.1　诗词生成

诗词是中华民族的文化瑰宝,无数优秀诗篇传诵至今。诗词生成一向被认为是人类独有的能力,包含非常独特的创新性、审美性、个性等,这些看起来都是机器无法模仿的。如果机器可以学习到写诗作词的技巧,则意味着它已经具备了某种形象思维能力。

人们很早就对诗词生成产生了浓厚的兴趣。早期的诗词生成大多采用拼凑法：给定一个主题，在大量现有诗词中搜索相关诗句，将这些诗句打碎后，挑选可以连接在一起的片段，基于诗词规则组合起来即成为一首新的诗。这种方法的基本思路是"熟读唐诗三百首，不会作诗也会吟"，只要见过的样例足够多，就可以通过对已有样例的重组来生成新诗。事实证明，这种机械拼凑的方法显然过于机器化了，既没有对句子意思的理解，也没有对规则的学习，因此生成的诗有明显的拼凑感，且语义不清晰，不连贯，欣赏价值较低。

与拼凑法不同，神经模型方法将用户想要生成的内容通过递归神经网络（RNN）映射到一个语义空间，在该空间中进行诗句生成。这意味着机器在生成诗句之前需要对句子意义进行理解，虽然这里的理解仅是语义空间中的一个向量，但却提供了深层的语义和情感信息。可以认为这个过程是一种形象思维过程，语义映射部分相当于对语义的抽象，生成部分相当于对抽象出来的语义进行加工和再现。这一"抽象—生成"过程模仿了人类的诗词创作方式，因此可生成连贯且有创新性的诗句。

2014 年，爱丁堡大学的 Zhang 等人首先提出了基于神经网络的古诗生成方法。该方法的生成流程如图 6-1 所示。首先用"诗学撷英"数据集对用户输入的关键词进行扩展。"诗学撷英"数据集中分组列出了诗词创作中常用的词和词组。通过这一扩展，可以得到一个和用户意图相关的目标词集合。基于该集合，利用拼凑法生成第一句诗。第二步，利用卷积神经网络（CNN）将第一句诗表示成一个句子向量（如图 6-2 所示），并基于该句子向量生成第二句诗。该生成基于一个递归神经网络（RNN），生成时将第一句诗的句子向量作为条件输入。以此类推，生成第三句时，用第一句和第二句的句子向量作为条件输入，生成第四句时用前三句的句子向量作为条件输入。

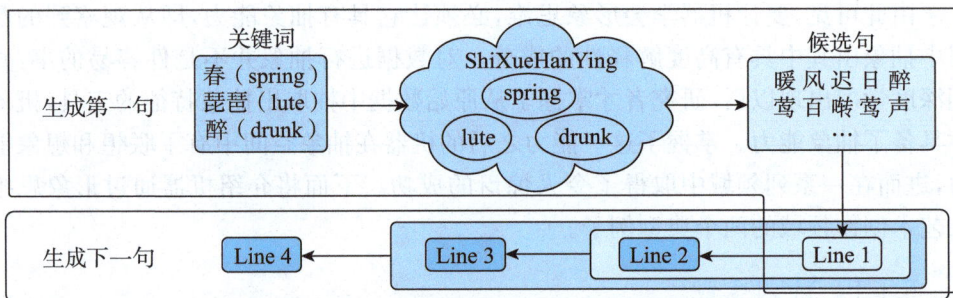

图 6-1 基于神经网络的分句式古诗生成方法

注：将用户输入的关键词扩展后，通过拼接生成第一句，再由第一句生成第二句，以此类推生成整首诗。

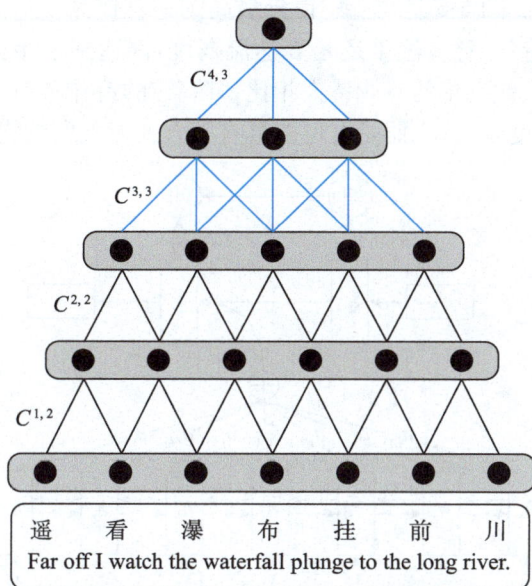

$C^{4,3}$

$C^{3,3}$

$C^{2,2}$

$C^{1,2}$

遥　看　瀑　布　挂　前　川

Far off I watch the waterfall plunge to the long river.

图 6-2　基于 CNN 的句子向量生成

　　上述生成过程是分步式的,比较复杂,不利于扩展到较灵活的诗词体例(如宋词)。清华大学语音语言技术中心在 2016 年了提出基于注意力机制的序列对序列模型来解决这一问题。这一模型将整首诗看成一个完整的汉字序列(包括断句符号),利用 RNN 逐字生成整个序列,在生成每个字时都会利用注意力机制关注到用户关键词中应重点生成的语义。

　　图 6-3 给出了该模型的主要结构,其中编码器是一个双向 RNN 模型,负责将用户输入的关键词"春花秋月何时了"编码成一个隐藏向量序列(图下方的矩形序列),该向量序列包含了用户的生成意图。在生成过程中,一个单向 RNN 网络递归运行,逐字生成整首诗。在生成每一个字的时候,注意力机制对编码器给出的隐藏向量进行查看,找到与当前生成状态最相关的用户意图,利用这一信息指导下一个字的生成。在生成过程中,需要强制加入断句、押韵、平仄等诗词规则。通过这一生成方式,可以保证生成的字串既能最大限度地符合诗词规则,又能使生成围绕用户的意图展开。同时,这一模型简单灵活,可以用来生成各种体例的诗或词。图 6-4 是用该模型生成宋词的一个例子。

　　2016 年 3 月,清华大学语音语言技术中心做了一组实验,实验中该中心研发的作诗机器人"薇薇"和一些网络诗人就同一主题进行创作,并邀请北京大学、中国社会科学院等单位的诗词专家进行品评。实验结果发现,在得分最高的十篇作品里,"薇薇"的作品占了三篇,而且得分最高的一首作品正是"薇薇"创作的。同时,该研究还发现,"薇薇"的作品中有 31‰被专家认为是人写的。因此,研究组宣布"薇薇"通过了图灵测试。图 6-5 是"薇薇"得分最高的一首作品。从该作品来看,"薇薇"写的诗不论是遣词造句、意境渲染还是表达流畅度,都达到了相当高的水平。当然,和历史上的著名诗人或真正的专业诗人相比,"薇薇"的诗作还有一定差距,但这些结果已经证明,基于深度学习,机器是有可能具有类人的形象思维能力的。

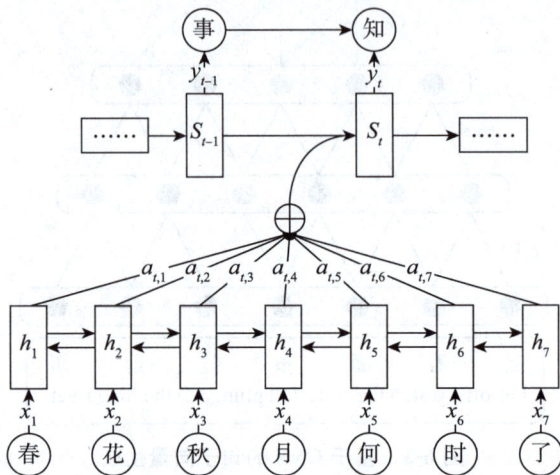

图 6-3　基于注意力机制的古诗生成模型

注:将诗词生成看作一个 RNN 序列生成任务,每次生成时利用注意力机制关注应生成的语义内容。该语义内容由用户输入(春花秋月何时了)经过一个双向 RNN 进行编码得到。

菩萨蛮

哀筝一弄湘江曲,
风流水上人家绿。
　小艇子规啼,
　不堪春去时。
花前杨柳下,
红叶满庭洒。
　月落尽成秋,
　愁思欲寄留。

海棠花

红霞淡艳媚妆水,
万朵千峰映碧垂。
一夜东风吹雨过,
满城春色在天辉。

图 6-4　清华大学作诗机器人
的一首宋词作品

图 6-5　作诗机器人"薇薇"的一首作品

注:这首作品是 2016 年 3 月的图灵测试中,在所有人、机作品中得分最高的一首。

　　最近,研究者又提出了基于图像作诗的方法,让机器看一幅画然后作出一首应景的诗。该方法同样利用基于注意力机制的序列对序列网络,不同的是输入是一幅图像,而不是用户给出的关键词。基于这幅输入图像,利用深度神经网络可以得到视觉和关键词两种信息。将这些信息作为主题描述,即可基于序列对序列模型生成与图像相关的诗句。该模型如图 6-6 所示。图 6-7 给出利用该方法生成的两首诗。由一幅画作诗更体现了形象思维能力，诗人需要从画中总结出主要内容，激发出灵感，并充分利用联想和想象来生成符合主题及意境的诗句。通过看画作诗，可以认为机器已经具备了一定的形象思维能力。

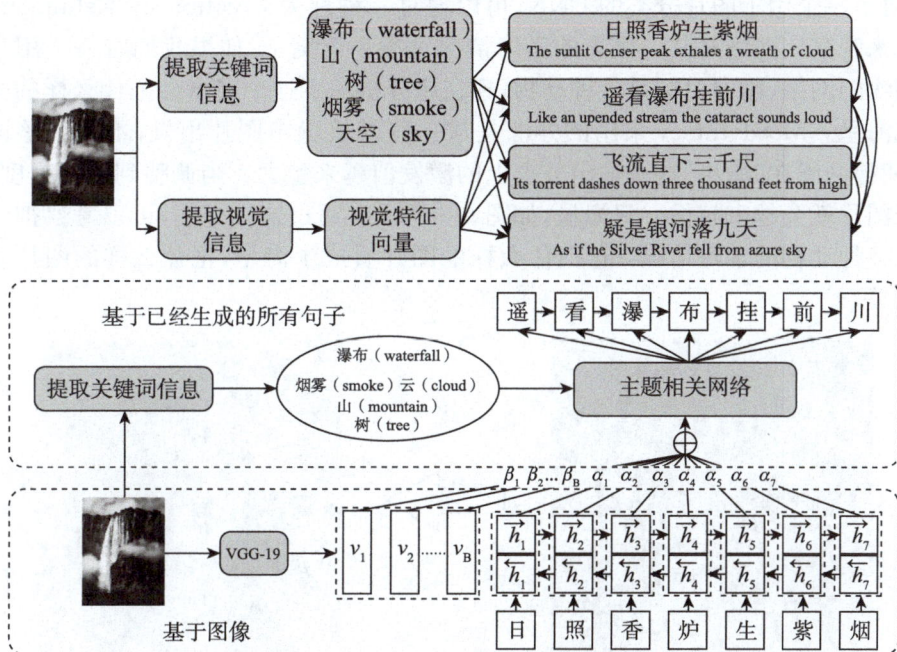

图 6-6　基于图像作诗的神经网络模型

注：上图是系统框架。首先由图像得到关键词信息和视觉信息，以这两种信息作为输入，逐句生成整首诗。下图是系统所用的神经网络模型。生成每句诗时，将已经生成的所有句子和视觉信息作为输入，同时参考图像关键词信息。

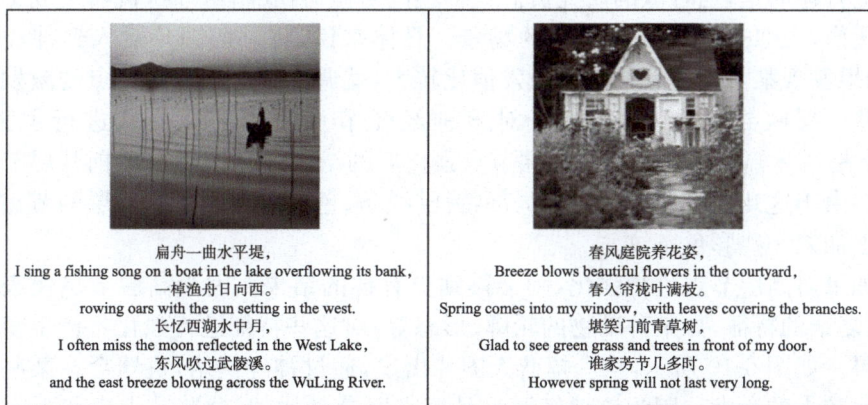

扁舟一曲水平堤，
I sing a fishing song on a boat in the lake overflowing its bank,
一棹渔舟日向西。
rowing oars with the sun setting in the west.
长忆西湖水中月，
I often miss the moon reflected in the West Lake,
东风吹过武陵溪。
and the east breeze blowing across the WuLing River.

春风庭院养花姿，
Breeze blows beautiful flowers in the courtyard,
春人帘帷栈叶满枝。
Spring comes into my window, with leaves covering the branches.
堪笑门前青草绿，
Glad to see green grass and trees in front of my door,
谁家芳节几多时。
However spring will not last very long.

图 6-7　基于图像的作诗机器人生成的两首诗作

6.1.2 Deep Dream

2015 年 6 月,谷歌的研究员 Alexander Mordvintsev 及其两位同事在 Google AI Blog 上发出一篇博文,介绍了他们在深度神经网络可视化方面的发现。他们发现,对于一个用于图片分类的 DNN,可以通过一种称为 Creation by Refinment 的方法来观察该网络对某一概念的学习情况。举一个例子,如果我们有一个用来识别动物的网络,输出目标是各种动物,现在想分析一下这个网络会把什么样的图片认成海星。Mordvintsev 采用的办法是从一张随机噪声图片出发,不断调整该图片,使得网络在"海星"这一输出节点上的激发值越来越大。当调整到一定程度时,这张图片就会越来越像一只海星,如图 6-8 所示。通过这一方法,可以考察神经网络对某种动物的学习情况:它把什么样的图片看成了海星,把什么样的图片看成了山羊。

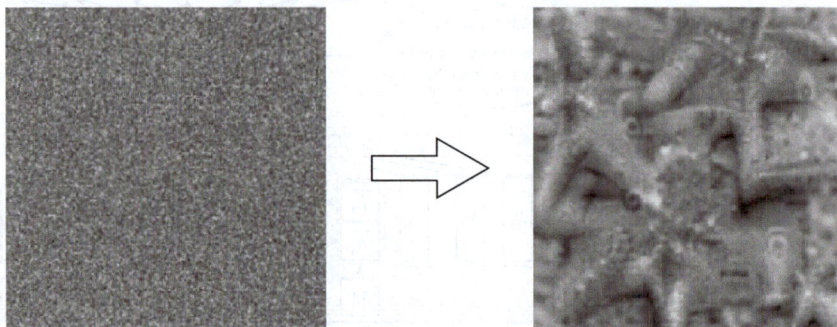

图 6-8 对一张噪声图片进行调整,使得以此图片作为输入,神经网络在代表"海星"的输出节点上激发值最大,即可得到一张海星图片
注:来自 Google AI 的 Blog。

更有趣的是,当谷歌的研究员们让神经网络做"自我暗示"时,机器生成了更迷幻的图像,类似于人做梦时看到的场景。具体来说,将一幅图片输入到神经网络中,如果发现某个神经元节点的激发值比较大,就调整图片让这个节点的激发值更大一些。反映到图片上,相当于对该神经元节点所代表的模式进行了强化。图 6-9 是对一幅山羊图片进行底层节点强化后的结果,即对 DNN 的前几层节点做强化。由于这几层主要代表一些局部特征(线条、色彩等),强化这些层的节点会在图片上加入一些彩色条纹。

如果对高层节点进行强化,则会得到更有趣的结果。因为高层节点代表了抽象的、复杂的特征,如某种动物的轮廓、形态等,对这些特征进行强化将产生梦幻般的效果。如图 6-10 所示,从一幅蓝天图片出发,通过神经网络,机器会在某些节点上产生较大的激发。因为该神经网络是用来区分动物的,这些节点事实上对应着某些动物形象。这些高激发值显然是对图片的误读,因为该图片是蓝天,并不包含

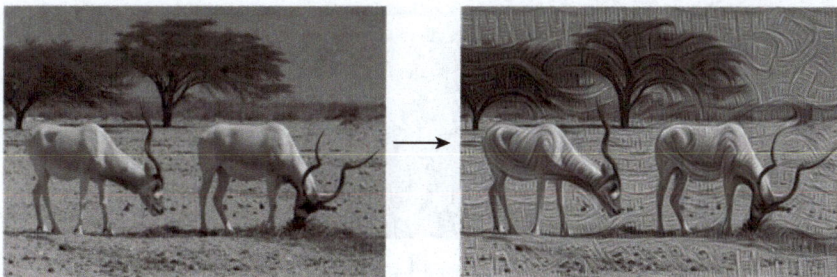

图 6-9 对一幅图片强化底层节点时，会在图片中加入一些类似斑马纹的彩色条纹

注：来自 Google AI 的 blog。

任何动物。然而，它们确实对应了图片中某些看起来像是动物的轮廓，如某些云朵看起来像鸟的翅膀等。当对这些特征进行强化时，就会在图片中显现出这些动物的轮廓。按照谷歌工程师的说法，这类似于小时候盯着云朵看，偶尔会发现一些类似动物的图案，然后越看越像，越看越迷乱，即产生了自我暗示。谷歌将这一强化系统称为 Deep Dream。图 6-11 是 Deep Dream 合成出的几个例子。

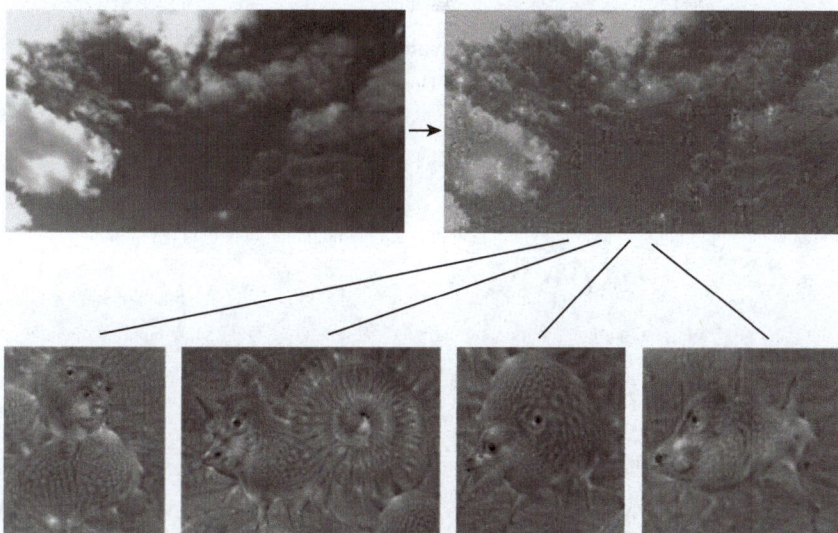

图 6-10 对一幅图片强化高层节点时，会在图片中加入一些复杂的形象

注：由于该神经网络是识别动物的，因此强化出来的形象都是动物形象。来自 Google AI 的 blog。

Deep Dream 可以生成很神奇的图像，就像我们梦中的场景，不同的高级元素互相组合，错落排列，如图 6-12 所示。可以看到，由 Deep Dream 生成的图片是合成出来的场景，整体上具有迷幻性，但局部形象却具有真实性。这种将不同形象组合起来进行再创作的方式已经很接近人类进行艺术创作的方式了。

地平线　　　　　　　　树　　　　　　　　叶子

塔楼　　　　　　　建筑物　　　　　　鸟和昆虫

图 6-11　Deep Dream 生成的几幅图像

注：上面一行是原图，下面一行是由 Deep Dream 生成的图像。来自 Google AI 的 blog。

图 6-12　Deep Dream 合成的复杂图像

注：其中局部特征包含一定真实性，整体照片则是合成出来的非现实场景。图片来自 WIRED。

事实上,神经网络训练完成后,即使输入的图片是随机的,也可以通过迭代生成幻想般的图片,这类似于我们闭上眼睛开始想象,会得到梦境般的感觉,这也是该技术被称为 Deep Dream 的原因。做梦的过程是这样的:每次迭代时,首先对当前图片进行特征加强,之后对得到的图片进行局部放大,将放大后的图片再次进行加强,如此迭代进行,就会看到类似梦境的感觉。图 6-13 给出了一次机器做梦的过程。研究者认为神经网络这种抽象和复现的能力与人的感知过程有一定的相似性,或许可以解释创造性思维产生的过程。

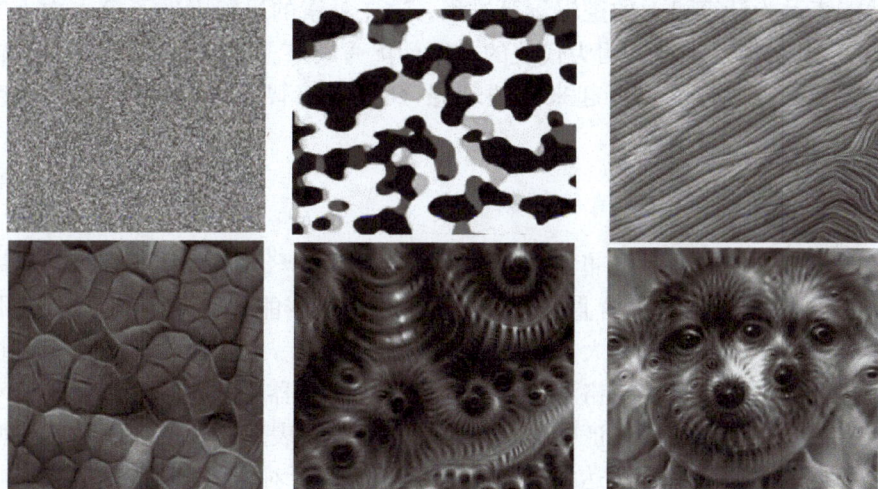

图 6-13　由随机图片开始,迭代生成梦境的过程

注:每次迭代时,首先对当前图片进行强化,然后对强化后的图片做局部放大,最后将放大后的图片送入下一轮迭代,准备再次强化。

值得一提的是,Deep Dream 和第 4 章介绍的图片风格转换具有一定的相似性。不同的是,风格转换类似于**联想**,由一幅图联想到另一幅图,并依联想内容对风格进行相应的改变。相比而言,Deep Dream 更接近于**想象**,从神经网络所代表的记忆中从无到有地生成。无论哪种方式,所表现出来的都是一种类人的形象思维能力。

6.2　逻辑思维

逻辑思维是"运用概念、判断、推理等思维类型反映事物本质与规律的认识过程"。与形象思维不同,逻辑思维是确定的、前后一致的,而不是模棱两可、自相矛盾的。因此,逻辑思维也称为**理性思维**。逻辑思维中常用到的思维方法有归纳与演绎、分析与综合、抽象与概括等。

从历史来看,让机器拥有逻辑思维是人工智能研究的最初动力和主要方向。对逻辑思维的研究可以上溯到亚里士多德的三段论时代。1879 年,弗雷格(Frege)在 *Begriffsschrift* 中提出了谓词逻辑,将逻辑思维形式化。1910—1913 年,罗素及其导师怀特黑德出版了著名的《数学原理》,认为任何数学定理都可以由一些基础公理和一套逻辑规则推理得到。虽然这一理想最终因哥德尔的不完备定理无法完美实现(后者直接导致了图灵对可计算理论的研究),但智能可计算的观念已经深入人心。在计算机诞生之初,年轻的人工智能研究者们就开始讨论如何将人类智能表示为计算机上的**逻辑运算**过程。这一朴素的思路引发了第一次人工智能的热潮,出现了以定理证明为代表的一系列优秀成果。因此,让机器拥有逻辑思维能力并不是人工智能发展起来后的理想,而是人工智能研究者们的最初尝试。下面将从定理证明开始讨论。

6.2.1　定理证明:精确逻辑推理

数学定理证明被认为是非常有技巧的工作,采取什么样的证明思路和步骤,强烈依赖于经验,甚至需要结合直觉和想象力。如果机器能代替人完成定理证明,那么人类探索自然的步伐将大大加快。早在 17 世纪中叶,莱布尼茨就提出过用机器实现定理证明的思想。弗雷格和罗素的数理逻辑为机器证明提供了理论基础:如果可以将数学基本原理和要证明的定理都表示为逻辑表达式,再依逻辑演算规则,由基本原理所对应的逻辑表达式计算出待证明定理所对应的逻辑表达式,不就可以实现定理证明了吗?

基于这一思路,普林斯顿高等研究院的马丁・戴维斯(Martin Davis)于 1954 年在一台称为"大强尼"(JOHNNIAC)的电子管计算机(图 6-14)上实现了第一个定理证明程序,证明了两个偶数相加还是偶数。1956 年,艾伦・纽厄尔、赫伯特・西蒙和 J.C.肖给出了一个称为"逻辑机器"(Logic Theory Machine,LTM)的定理证明程序。纽厄尔等人首先分析了人类解决数学问题的方法,发现人们通常会将难的问题分解成简单问题,并利用已知的定理、公理和解题规则进行试探性推理,直到所有子问题都得到解决,则原来较复杂的问题即可得到解决。他们将这个思路运用到 LTM 程序上,利用正向推理(即由原因推理出结果)和启发式搜索(在搜索时利用领域相关知识以减小搜索范围),取得了极大的成功。他们将 LTM 运行在 JOHNNIAC 上,证明了罗素、怀特黑德所著的《数学原理》中前 52 个定理的 38 个。1963 年,经过改进的 LTM 最终完成了《数学原理》第二章全部 52 条数学定理的证明。

1959 年,美籍华人学者、洛克菲勒大学教授王浩给出了效率更高的"王浩算法"。在一台速度不高的 IBM704 计算机上,该算法用 9 分钟的时间将《数学原理》中所有定理(350 条以上)都证明了一遍。因为这一成就,王浩教授在 1983 年的国

图 6-14　保存在加利福尼亚计算机历史博物馆里的 JOHNNIAC 计算机

际人工智能联合会议上荣获首届定理证明里程碑奖。王浩教授的工作为数学机械化这一新的研究方向奠定了基础。

　　早期这些方法的基本思路都是推理＋启发式搜索，即选择合适的推理规则，搜索一条由初始假设到目标命题的推理路径。这种搜索既可以是前向的（Forward Chaining），也可以是后向的（Backward Chaining）。不论哪种搜索，核心都是利用特定问题本身的特点设计合理的启发信息，从而在搜索过程中选择更有效的推理规则。

　　1965 年，Robinson 提出了一种新的证明思路，称为归结法。这一方法将待证明的命题取否命题，将该否命题加入到逻辑系统中，再证明该逻辑系统的不一致性。这实际上是一种反证法。该方法只需使用如下一条推理规则即可完成证明：

$$(\neg P \cup Q) \cap (P \cup R) \rightarrow Q \cup R$$

这一推理规则称为"归结原则"。和推理＋启发式搜索不同，归结法不需要使用启发信息，因此通用性更强。但是由于缺少领域知识，这种方法在归结过程中没有方向感，给出的证明通常冗长、难以理解。在问题规模较大，且有一定启发信息存在时，人们依然倾向于推理＋启发式搜索的证明方法。

　　几何定理证明是自动定理证明领域取得显著成就的方向之一，而这一成就很大程度上应归功于中国的吴文俊教授。在吴教授之前,几何定理证明遵循的是定理证明领域的通用方法,即推理＋启发式搜索。1978 年,吴教授提出了一种新的几何定理机器证明方法。该方法将几何定理证明问题转化为方程式计算问题,从而极大地提高了证明效率。具体来说,通过定义一个坐标系,可以将几何图形和图形之间的关系表示为方程组。在定理证明时,首先将待证明定理的条件和结论都表示成方程组,然后通过证明适合条件方程组的解也是适合结论方程组的解,即可完成原定理证明。吴教授和他的学生们把该方法扩展到微分几何、智能 CAD、机器人、计算机视觉等各个方面,作出了重要的贡献。

自动定理证明将数学问题机械化,有可能极大地改变了数学家的工作模式。例如,1976 年四色定理(图 6-15)的机器证明,即是计算机辅助数学家完成困难定理证明的一个典型案例。今天,自动定理证明被应用在工业设计、软件工程等各个领域。例如,在芯片设计领域,该方法被 AMD、Intel 等大型芯片公司用于检查CPU 的逻辑设计缺陷,具有重要意义。

图 6-15　四色定理:任意一幅地图,不管多么复杂,都可以用
四种颜色完成染色,并保证相邻国家不会同色

注:该问题由英国制图员 Francis Guthrie 在 1852 年提出,他发现在绘制英格兰地图时,只用四种颜色就可以了。四色问题困扰了数学家一百多年,直到 1976 年,数学家 Kenneth Appel 和 Wolfgang Haken 借助计算机首次得到一个完整的证明,四色问题也终于成为四色定理。一些科学家认为,与这一定理本身相比,"计算机证明"这一点对数学界的意义更加重大,它表明计算机有可能成为数学家不可或缺的工具,就像显微镜对生物学家一样。

需要说明的是,上述定理证明方法本质上是在某一确定逻辑系统所定义的命题空间中的搜索过程。在这一过程中,所有公理和推理原则都是既定的、假设正确的,这将保证所发现的推理过程是无可置疑的,因此是一种精确的逻辑推理。机器定理证明本质上是人类智能在机器上的复现和加速,一方面,它确实可以发现一些未知的结论,而且可能是很重要的结论,如四色定理;另一方面,这种方法所发现的所有结论都蕴含在前提假设中,始终只能在一个封闭域中推导知识。

6.2.2　阅读理解:非精确逻辑推理

如果要让机器获得更多逻辑推理能力,必须把它置于一个开放环境中,让它接触更多信息,才能突破原有知识领域的局限。然而,突破原有领域的限制意味着逻辑系统将出现矛盾,这些矛盾有可能是新知识的个异性甚至是错误,也有可能是原有逻辑系统的局限性。处理这些矛盾需要大量人工干预,当问题较复杂时很难完成。因此,当人们试图把类似定理证明的精确推理思路应用到更广泛的实用领域时,遇到了意想不到的困难。

为了解决实际应用场景下的推理问题,一些研究者抛弃了基于逻辑演算的精确推理方法,转而设计非精确的推理框架,如统计概率模型和人工神经网络。和传统逻辑演算方法相比,这些模型对知识的表达是不精确、不确定的,推理也是不明确的。但是,对于绝大多数现实问题,这些模型可以更好地处理知识体系中的重复、冲突和矛盾,同时有更强大的学习能力以吸收新的知识。这些系统给出的答案虽然不是完全精确的,但在很多时候已经可以满足实际需要。本节将以基于DNN模型的阅读理解系统为例,解释非精确推理的实现。

在阅读理解任务中,给定一段叙事(C)和一个问题(Q),要求被测试者从叙事C中发现信息,给出一个可以回答问题Q的答案A。答案有可能是选择题,也有可能是填空题。图6-16所示是一个填空题的例子。

故事:有一天白雪公主的外婆来了。
外婆说:你看,外面的树长得多高啊,你照顾得真好。
白雪公主说:外婆,是侍女小明照顾的好。

问题:谁在照顾树?
答案:　(？)

图6-16　阅读理解任务:给出一段叙事和一个问题,要求人或机器根据叙事信息给出问题的答案

阅读理解任务是在考试中经常遇到的题型,要解答这类题型,需要对叙事和问题的语义有充分理解,再通过一系列推理过程发现答案。与定理证明相比,一方面阅读理解的复杂度在于语义的模糊性,很少有阅读理解任务使用定理那样精确的语言,这种语义上的模糊性给计算机表达带来了困难;另一方面,阅读理解任务所需要的推理不像定理证明那样严格,很多时候大概的、模糊的推理也能解决问题。因此,阅读理解可以认为是一个典型的非精确推理任务。

我们以国际上流行的 SQuAD 阅读理解任务为例来展开讨论。SQuAD 是由斯坦福大学收集的一批用于评测阅读理解任务的数据库。该数据库包括从 536 篇维基百科文章中提取出的 2.3 万个段落,将这些段落记为叙事(C);同时,又用人工方法生成了 10.8 万个问题(Q)。问题类型包括事件、日期、人名、地点等。研究者首先做了一个实验,让人来回答这些问题,发现人类的准确率可达 82.3%。

有了 SQuAD,研究者首先尝试了特征提取+分类器的传统方法。该方法将每个叙事句子拆成单词或词组作为候选答案,然后设计一系列特征来描述每个答案与问句的相似度,最后训练一个分类器将这些特征合并起来进行综合打分。这种方法可得到 40.4% 的准确率,显然没有对语义作深入理解,因此和人类的准确率相差甚远。

近年来,深度学习在自然语言处理领域大显身手,其中一个主要的原因是该模型可以学习词和句子的深层语义表示。这种学习到的语义虽然很难为人所理解,但确实可以用来实现对句子的间接理解(见第 4 章)。基于此,人们提出基于神经网络的阅读理解方法。一种成功的神经网络模型如图 6-17 所示,称为端对端记忆网络模型。该模型的基本思路是将叙事文本中的每句话表达成一个语义向量,将这些向量并排保存在一个记忆体中。提问时,首先将问题转化成语义向量,在记忆体中查找与该问题向量相关的记忆向量,将这些记忆向量加权平均起来即得到和问题相关的答案向量,最后,将该答案向量和问题向量合并在一起,预测出答案。

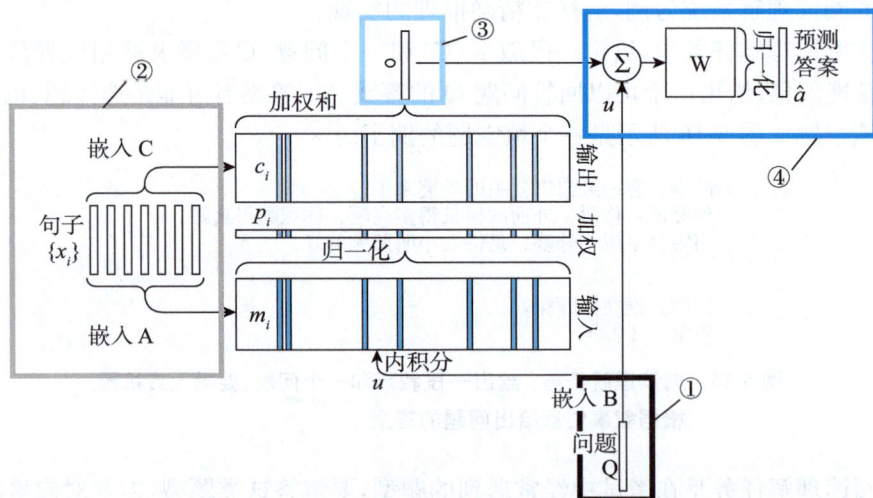

图 6-17　基于端对端记忆网络的阅读理解模型

注:其中框①是问题向量;框②是由叙事文字生成的记忆体;框③是候选答案向量;框④是由答案向量和问题向量一起预测答案的预测模型。

观察这一模型可知,不论是叙事文字、问题还是答案,都以一种不精确的方式表达为语义向量。同时,不论是生成答案向量,还是由答案向量和问题向量生成答案,都是不精确的推理。这些模糊的表达、近似的推理显然无法与基于符号逻辑的精确表达和精确推理相提并论。然而,这种非精确推理方法在阅读理解任务上有非常好的表现。例如,在 SQuAD 任务中,几乎所有表现出色的系统都是基于神经网络的。特别有趣的是,这种非精确推理所达到的精度已经超过了号称有精确推理能力的人类所能达到的水平(图 6-18)。这说明在很多任务中并不需要精确推理,而人也并不是每时每刻都在使用精确推理。非精确推理应该被认为是人工智能的重要组成部分,而不仅仅是某种权宜之计。

Rank	Model	EM	F1
	Human Performance *Stanford University* *(Rajpurkar et al. '16)*	82.304	91.221
1 Jan 22, 2018	Hybrid AoA Reader (ensemble) *Joint Laboratory of HIT and iFLYTEK Research*	82.482	89.281
1 Mar 06, 2018	QANet (ensemble) *Google Brain & CMU*	82.744	89.045
1 Feb 19, 2018	Reinforced Mnemonic Reader + A2D (ensemble model) *Microsoft Research Asia & NUDT*	82.849	88.764
2 Jan 05, 2018	SLQA+ (ensemble) *Alibaba iDST NLP*	82.440	88.607
3 Feb 02, 2018	Reinforced Mnemonic Reader (ensemble model) *NUDT and Fudan University* https://arxiv.org/abs/1705.02798	82.283	88.533
3 Feb 27, 2018	QANet (single model) *Google Brain & CMU*	82.209	88.608
3 Jan 03, 2018	r-net+ (ensemble) *Microsoft Research Asia*	82.650	88.493

图 6-18　SQuAD 任务上各个系统的性能

注：来自 SQuAD 主页 https://rajpurkar. github. io/SQuAD-explorer/.

事实上,机器利用非精确推理能完成更多的任务。图 6-19 是研究者利用一个称为指针网络(Poiner Network)的神经网络在一群点上寻找凸边界①、作 Delaunay 三角化②、做最短旅行③的例子。这三个问题在传统人工智能方法里都需要设计合理的搜索路径,并进行精确推理。利用神经网络,可以让机器自主学习到解决这些

---

① 发现一个由群中某点作为顶点的凸包,可以包围群中所有点。

② 将群中所有的点联结成三角形,并保证所有三角形的外接圆内部不包含群中其他点。

③ 求解从一个点出发访问所有点并回到起始点的最短路径。

问题的方法。这些方法并不是精确推理,不能保证百分之百正确,但在绝大多数情况下是正确的。用非精确推理逼近精确推理,正是今天的人工智能方法模拟人类思维的途径。

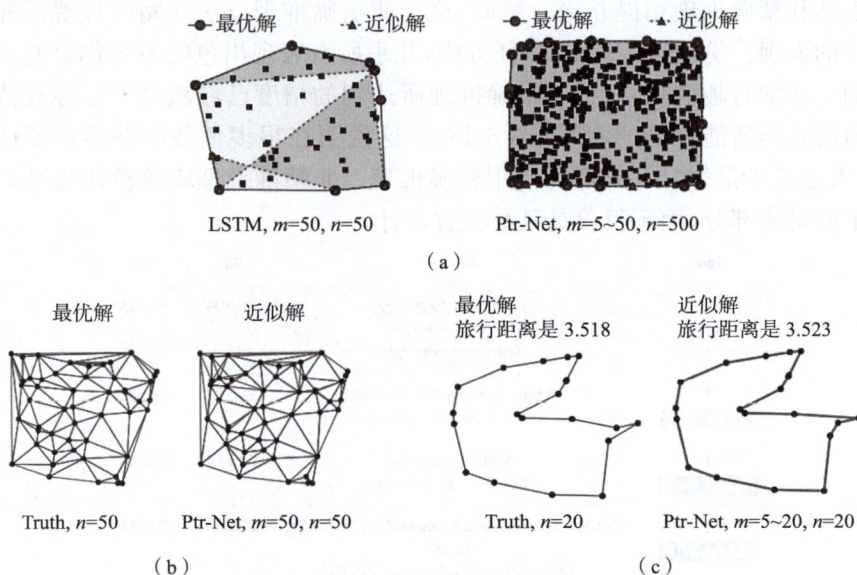

图 6-19　基于指针网络的近似推理

注:共有三个任务:(a)寻找凸边界;(b)三角化;(c)最短距离旅行。(a)~(c)中左图是最优解,右图是基于指针网络得到的近似解。

最近,OpenAI 的大规模基础模型 GPT4 在推理方面取得了长足进展。通过学习海量数据,GPT4 不仅掌握了大量知识,而且衍生出了强大的推理能力。经过测试,GPT4 在很多专业考试上已经超越 90% 的人类。例如,在 GRE 语文类考试中几乎拿满分,在微积分、统计学、化学等领域也有突出表现(图 6-20),完全可以考上美国常青藤大学。不仅如此,GPT4 还能理解一些非常精细化的语义,如图 6-21 所示,它可以从一幅图片中找到反常搞笑的地方,如果没有很强的推理能力是不可能做到的。

值得强调的是,深度神经网络的这种推理能力并不是人为赋予的,而是机器通过数据自动学习出来的。这类似于人通过观察,发现圆周与半径的比例都很相似。当我们发现更多例子符合这一猜测后,就逐渐形成一条经验规律。机器也是如此,通过大量数据可以学习一些经验规律,这些规律并不一定完全正确,但确实可以解决很多实际问题,这在本质上是一种归纳法。因为归纳过程本身就具有不确定性,在推理时采用非精确推理也就理所当然了。也许未来机器可以将精确推理和非精确推理结合起来:如果发现通过归纳得到的知识足够可信,可以将该知识作为理论的一部分,用来指导后续的精确推理,这或许是使机器走向高级智能的一种途径。

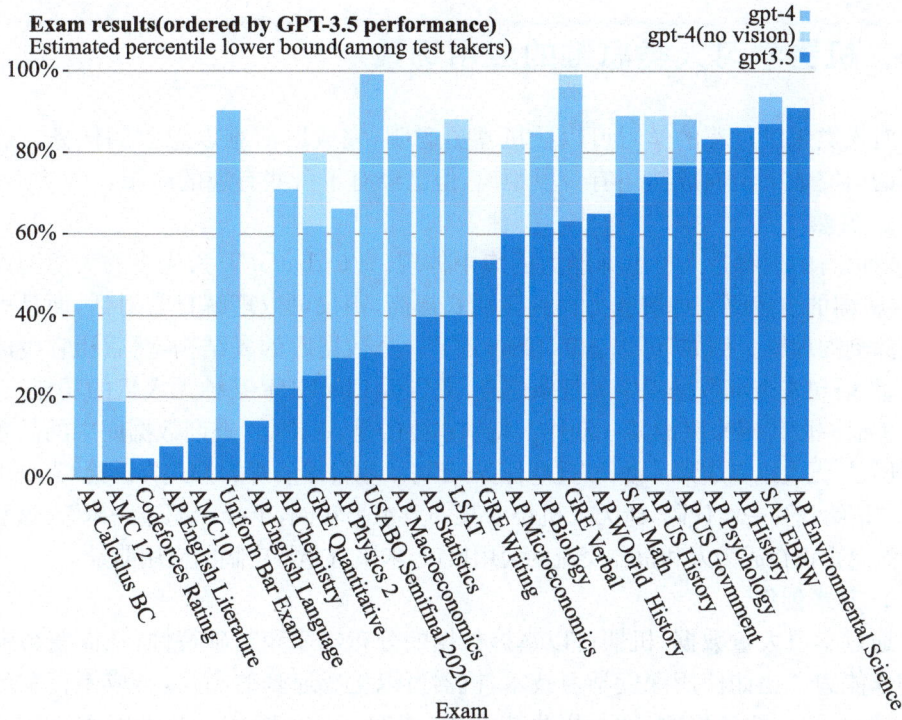

Exam results(ordered by GPT-3.5 performance)
Estimated percentile lower bound(among test takers)

图 6-20　GPT4 在专业考试中的表现

注：深蓝柱是 GPT4 的前身 GPT3.5 的得分，两条浅蓝柱分别是 GPT4 和多模态 GPT4（带图像识别能力）的表现。得分是指在所有受试者中的排名。图片来自 OpenAI 网站 https://openai.com/research/gpt-4。

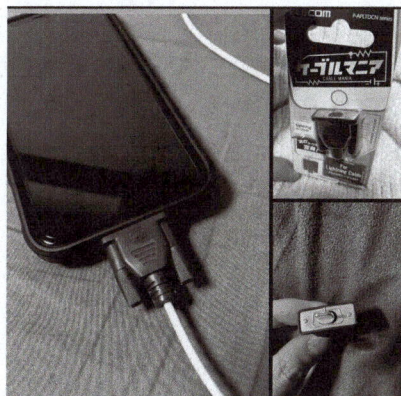

图 6-21　GPT4 可以理解图片的精细语义

注：给 GPT4 输入三幅图，然后问它"这些图里有哪些搞笑的东西？"得到的回答是："1.手机连到了一条 VGA 线上；2.包装上文字说是快充线，画的却是 VGA 接头；3.近看 VGA 接头，发现原来真是条快充线。"图片来自 OpenAI 网站 https://openai.com/research/gpt-4。

6.3 机器学习人类思维的应用场景

对人类思维过程的学习可以让机器更聪明,完成以前难以想象的任务。这些方面的研究成果走向成熟还有一段距离,但已经有了一些有趣的应用。

1. 自然交互

对语言的理解是人类思维能力的集中体现。以 ChatGPT 为代表的大模型出现以后,机器的自然语言理解能力得到飞跃式提高,不仅可以理解日常对话,而且可以有更深刻的理解。例如,可以告诉 ChatGPT 一个数据库的表结构,然后让它生成一条 SQL 语句来查询数据库中的某条信息;或告诉 ChatGPT 某种无人机的功能接口,让它生成一段代码来完成某一动作。特别重要的是,不论是“查询数据库中的某条信息”,还是“无人机完成某一动作”这些任务,都可以用自然语言的方式告诉给 ChatGPT。例如,“请给我写一段代码,让无人机绕着某一点水平转圈,半径不超过一米”。这意味着自然语言正在成为人和机器交流的通用接口,未来有非常广阔的应用前景。

2. 艺术创作

通过学习大量数据,机器可以掌握数据的分布规律和基础特性,从而获得强大的创作能力。比如使用深度学习技术,机器可以生成逼真的图片,合成不存在的场景,对图片进行快速修改,还可以生成音乐、诗歌、小说、剧本。艺术家和文学家们已经开始应用这些成果进行辅助创作,例如一款称为 Gen2 的人工智能程序可以自动生成科幻视频,极大降低了制作成本。

3. 科学研究

人工智能技术正在帮助人们更便利地开展科学研究。学习了海量知识的语言模型可以对科研课题给出思路,对实验方案进行评估,对文献进行整理,或者直接设计出新方案。最近有研究者报告,给 GPT-4 合理地提示,它发现了一种超过快速排序算法的新算法。还有学者发现,ChatGPT 还可以帮研究者对论文进行审稿,与人类审稿人的意见具有很高的相关性。这些例子表明,通过学习大量数据,机器已经可以对人的思维方式进行初步模拟。

6.4 AI 实践:Deep Dream

AIDemo 中包含了 Deep Dream 的一套实现代码,读者可以基于该程序学习基于神经网络的形象思维模拟过程。

查看该实践程序代码文件的方法如下。

(1)在 AIDemo 虚拟机桌面上右击,选择“打开终端”。

(2)用 linux 命令进入 deepdream 文件夹,并查看文件夹内

Deep Dream 实践

容,如图 6-22 所示。

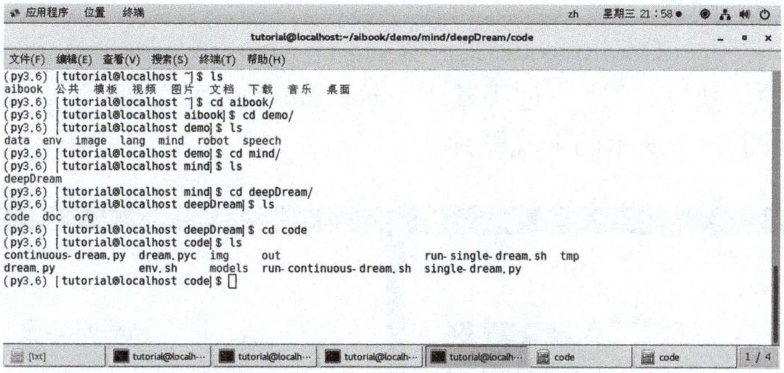

图 6-22　查看 deepdream 文件夹

code 文件夹中包含两个脚本文件,run-single-dream. sh 用来对单幅图片做梦,run-continuous-dream. sh 用来连续做梦。

实践任务 1:单幅图片做梦过程

1. 查看程序代码

打开 single-dream. py,可以看到机器的做梦过程一共分为 5 步,如图 6-23 中的④做梦过程所示。

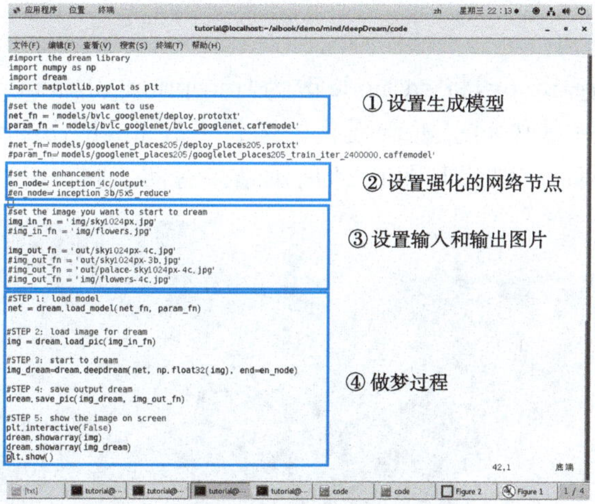

图 6-23　**single-dream. py** 的运行过程

(1) 加载神经网络模型。

(2) 加载将被做梦的图片。

(3) 开始做梦。

(4) 保存做梦完毕的照片。

(5) 显示图片在屏幕上。变量 img_in_fn 指定做梦图片;en_node 指定要强化的神经元,缺省配置是 inception_4c 模块里的 output 层。

2. 运行默认配置

进入 mind/deepDream/code 文件夹,运行 run-single-dream. sh 程序,即可启动默认配置的做梦过程,这一过程基于 inception_4c 做模式强化。程序运行完成后,即可得到图 6-24 所示的梦境图片。

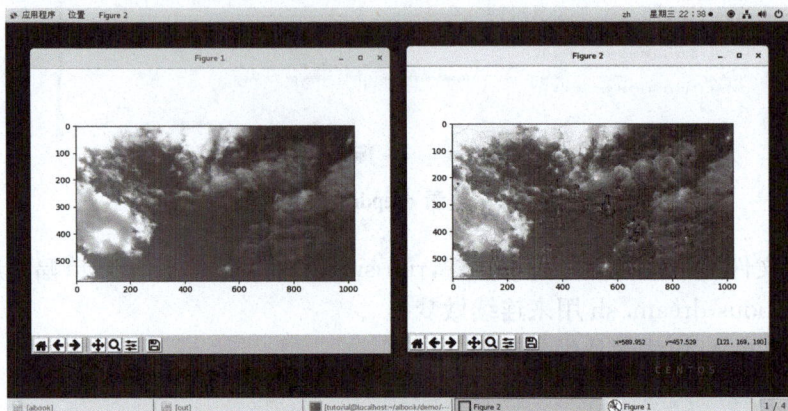

图 6-24 以默认配置运行 run-single-dream. sh 程序的输出结果

注:蓝天图片作为输入,inception_4c/output 作为强化层;左边为原图,右边为梦境图片。

3. 强化低层节点

修改 single-dream. py,将 en_node 改为'inception_3b/5x5_reduce',程序将对 inception_3b 模块里的中间层进行强化。运行 run-single-dream. sh 程序,结果如图 6-25 所示。观察这一结果与图 6-24 所示结果有何不同,并讨论可能的原因。

图 6-25 以一幅蓝天图片作为输入,对 inception_3b 层做模式强化得到的输出结果

4. 修改输入图片

修改 single-dream. py,将 img_in_fn 设为'img/flowers. jpg',同时将 en_node

改回 inception_4c/output。运行 run-single-dream. sh 程序,结果如图 6-26 所示。

图 6-26　以一幅花的图片作为输入,对 inception_4c 层做模式强化得到的输出结果

注:左边为原图,右边为梦境图片。

5. 修改生成模型

打开 single-dream. py,修改生成模型的文件名 net_fn 和模型参数变量 param_fn 如下。

```
net_fn='models/googlenet_places205/deploy_places205.protxt'
param_fn= models/googlenet_places205/googlelet_places205_train_iter_
2400000.caffemodel'
```

上述修改将指定生成模型为一个用建筑物图片训练的神经网络。注意把输入图片 img_in_fn 设回 sky1024px.jpg,并确保 en_node 设为 inception_4c/output。保存上述修改并重新运行程序,生成的梦境图片如图 6-27 所示。

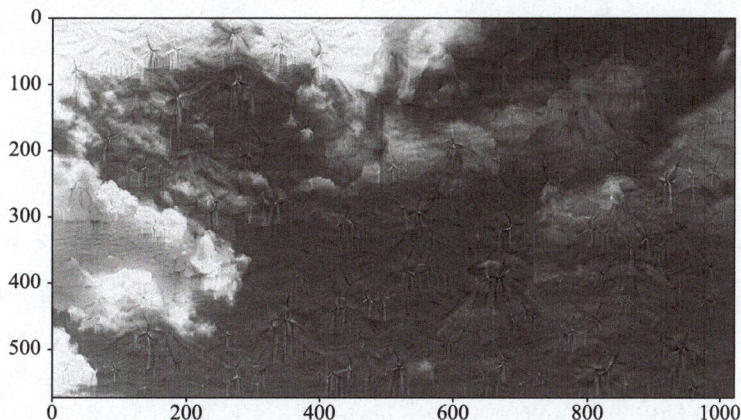

图 6-27　以一幅蓝天图片为输入,对一个建筑物识别模型的
inception_4c 层做模式强化得到的输出结果

实践任务 2：连续做梦过程

运行 run-continuous-dream. sh，可以生成连续做梦过程。该过程由一幅输入图片开始，生成梦境图片，对该生成图片进行局部放大，再次输入到生成模型，得到下一轮梦境图片，如此往复，即生成连续梦境。

1. 查看程序代码

连续做梦过程的启动程序是 run-continuous-dream. sh，主程序是 continuous-dream. py。打开 continuous-dream. py，可以查看运行过程的主要步骤，如图 6-28 所示。程序中有一些可以改动的参数，包括生成模型的文件名 net_fn 和参数 param_fn，待增强的网络节点名为 en_node，输入图片名为 img_in_fn，输出图片路径为 img_out_dir，做梦次数为 dream_time，做梦速度为 dream_scale。

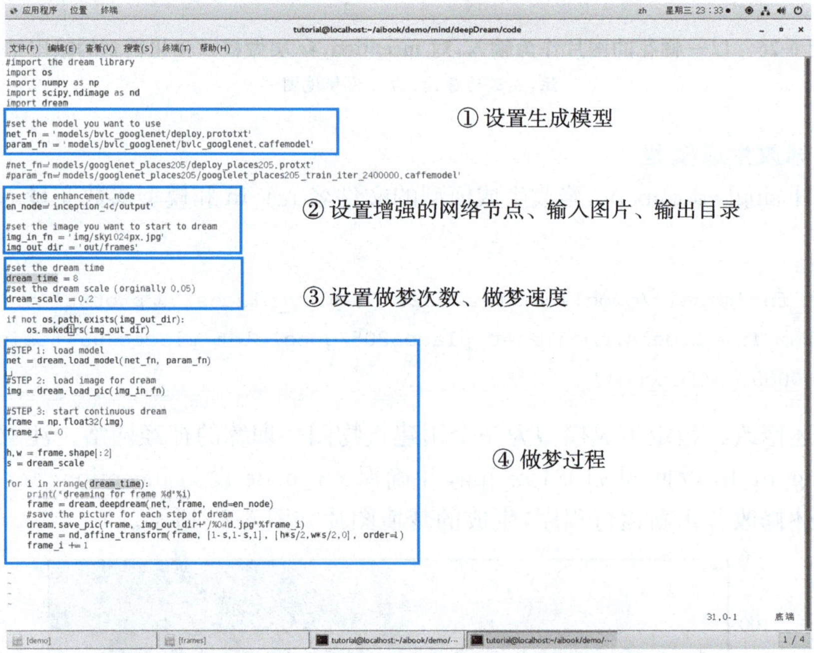

图 6-28　continuous-dream. py 内容

2. 运行默认配置

运行 run-continuous-dream. sh，开始连续做梦过程。这一过程会生成 8 张做梦图片，如图 6-29 所示。这些照片存储在 out/frames 文件夹。若需要做更多梦，则在 continuous-dream. py 中修改 dream_time。若想把做梦图片存储到其它文件夹，则在 continuous-dream. py 中修改 img_out_dir。注意这一过程运行比较久，可能会持续 20 分钟以上。out/frames. bvlc. 4c. sky 文件夹中已经保存了一份运行结果，供读者参考。

图 6-29　以默认配置运行 run-continuous-dream.sh 得到的输出结果

3. 修改做梦速度

打开 continuous-dream.py,将参数 dream_scale 从 0.2 改为 0.5。这样修改以后,在每次对图片进行局部放大时所用的比例更大,因而做梦速度更快。运行结果如图 6-30 所示。文件夹 out/frames.bvlc.4c.sky.fast 保存了一份运行结果,供读者参考。

图 6-30　修改 dream_scale 为 0.5 后得到的输出结果

4. 修改输入图片

打开 continuous-dream.py,将参数 img_in_fn 从 'img/sky1024px.jpg' 修改为 'img/flowers.jpg'。运行结果如图 6-31 所示。out/frames.bvlc.4c.flowers 文件夹保存了一份运行结果,供读者参考。

图 6-31　修改做梦图片为 flowers.jpg 之后的运行效果

5. 修改生成模型

打开 continuous-dream. py，将 net_fn 和 param_fn 修改成建筑物识别网络，从而改变用于做梦的生成模型。具体设置如图 6-32 所示，运行结果如图 6-33 所示。out/frames. place. 4c. sky 文件夹保存了一份运行结果，供读者参考。

```
#set the model you want to use
#net_fn = 'models/bvlc_googlenet/deploy.prototxt'
#param_fn = 'models/bvlc_googlenet/bvlc_googlenet.caffemodel'

net_fn = 'models/googlenet_places205/deploy_places205.protxt'
param_fn = 'models/googlenet_places205/googlelet_places205_train_iter_2400000.caffemodel'
```

图 6-32   修改生成模型为建筑物识别网络

图 6-33   修改生成模型为建筑物识别网络后的运行效果

思考题

（1）形象思维与逻辑思维的区别是什么？Deep Dream 是如何学习形象思维的？

（2）精确推理与非精确推理的区别是什么？哪种推理更接近人类？

（3）机器智能有可能超越人类吗？

参 考 文 献

[1] 韩纪庆.语音信号处理[M].北京:清华大学出版社,2004.

[2] 张江.科学的极致:漫谈人工智能[M].北京:人民邮电出版社,2015.

[3] 朱福喜,朱三元,伍春香.人工智能基础教程[M].北京:清华大学出版社,2006.

[4] 赵晓泮.智能战争:机器人大战离我们有多远[M].济南:山东教育出版社,2010.

[5] Ahonen T，Hadid A，Pietikäinen M. Face description with local binary patterns：Application to face recognition[J].IEEE Transactions on Pattern Analysis & Machine Intelligence，2006，28(12)：2037-2041.

[6] Appel K，Haken W. Every planar map is four colorable[J].Bulletin of the American mathematical Society，1976，82(5)：711-712.

[7] Atkeson C G，Schaal S.Robot learning from demonstration[C].ICML，1997，97：12-20.

[8] Bahdanau D，Cho K，Bengio Y. Neural machine translation by jointly learning to align and translate[C].ICLR 2015，2015.

[9] Baker J. The DRAGON system-An overview[J].IEEE Transactions on Acoustics，Speech，and Signal Processing，1975，23(1)：24-29.

[10] Barton J J，Cherkasova M V. Face imagery and its relation to perception and covert recognition in prosopagnosia[J].Neurology，61：220-225.

[11] Belhumeur P N，Hespanha J P，Kriegman D J. Eigenfaces vs. fisherfaces：Recognition using class specific linear projection[D]. Tech. rep.，Yale University New Haven United States，1997.

[12] Benesty J，Sondhi M M，Huang Y. Springer handbook of speech processing[M].Berlin：Springer，2007.

[13] Bengio Y，Ducharme R，Vincent P，Jauvin C.A neural probabilistic language model[J].Journal of Machine Learning Research，2003，3(Feb)：1137-1155.

[14] Bibel W.Early history and perspectives of automated deduction[C].Annual Conference on Artificial Intelligence，Springer，2007：2-18.

[15] Black A W. Perfect synthesis for all of the people all of the time[C].Proceedings of 2002 IEEE Workshop on Speech Synthesis，IEEE，2002：167-170.

[16] Blanz V，Vetter T. A morphable model for the synthesis of 3D faces[C].Proceedings of the 26th Annual Conference on Computer Graphics and Interactive Techniques.ACM Press/Addison-Wesley Publishing Co.，1999：187-194.

[17] Blanz V，Vetter T. Face recognition based on fitting a 3D morphable model[J].IEEE Transactions on Pattern Analysis and Machine Intelligence，2003，25(9)：1063-1074.

[18] Bledsoe W W. Man-machine facial recognition[J]. Panoramic Research Ine. Palo Alto CA, 1966(22): 245-249.

[19] Brown P F, Pietra V J D, Pietra S A D, Mercer R L. The mathematics of statistical machine translation: Parameter estimation[J]. Computational Linguistics, 1993, 19(2): 263-311.

[20] Brown T, Mann B, Ryder N, Subbiah M, Kaplan J D, Dhariwal P, Neelakantan A, Shyam P, Sastry G, Askell A, et al. Language models are few-shot learners[J]. Advances in neural information processing systems, 2020, 33: 1877-1901.

[21] Brunelli R, Poggio T. Face recognition: Features versus templates[J]. IEEE transactions on Pattern Analysis and Machine Intelligence, 1993, 15(10): 1042-1052.

[22] Bruner J S, Tagiuri R. The perception of people[D]. Tech. rep., Harvard Univ Cambridge MA Lab of Social Relations, 1954.

[23] Cadena C, Carlone L, Carrillo H, Latif Y, Scaramuzza D, Neira J, Reid I, Leonard J J. Past, present, and future of simultaneous localization and mapping: Toward the robust-perception age[J]. IEEE Transactions on Robotics, 2016, 32(6): 1309-1332.

[24] Campbell W M, Sturim D E, Reynolds D A. Support vector machines using GMM supervectors for speaker verification[J]. IEEE Signal Processing Letters, 2006, 13(5): 308-311.

[25] Chan W, Jaitly N, Le Q, Vinyals O. Listen, attend and spell: A neural network for large vocabulary conversational speech recognition[C]. 2016 References IEEE International Conference on Acoustic, Speech and Signal Processing(ICASSP), 2016: 4960-4964.

[26] Chatterjee A, Thomas A, Smith S E, Aguirre G K. The neural response to facial attractiveness[J]. Neuropsychology, 2009, 23(2): 135-143.

[27] Chiang D. A hierarchical phrase-based model for statistical machine translation[C]. Proceedings of the 43rd Annual Meeting on Association for Computational Linguistics, Association for Computational Linguistics, 2005: 263-270.

[28] Cho K, Courville A, Bengio Y. Describing multimedia content using attention-based encoder-decoder networks[J]. IEEE Transactions on Multimedia, 2015, 17(11): 1875-1886.

[29] Chu P, Vu H, Yeo D, Lee B, Um K, Cho K. Robot reinforcement learning for automatically avoiding a dynamic obstacle in a virtual environment[J]. Advanced Multimedia and Ubiquitous Engineering, 2015: 157-164.

[30] Cortes C, Vapnik V. Support-vector networks[J]. Machine Learning, 1995, 20(3): 273-297.

[31] Dahl G E, Yu D, Deng L, Acero A. Context-dependent pre-trained deep neural networks for large-vocabulary speech recognition[J]. IEEE Transactions on audio, speech, and language processing, 2012, 20(1): 30-42.

[32] Davis M. The early history of automated deduction: dedicated to the memory of Hao Wang[J]. Handbook of Automated Reasoning, Elsevier, 2001: 3-15.

[33] Deng L, Yu D, et al. Deep learning: methods and applications[J]. Foundations and Trends R in Signal Processing, 2014, 7(3-4): 197-387.

[34] Denton E L, Chintala S, Fergus R, et al. Deep generative image models using alaplacian

pyramid of adversarial networks[J].Advances in neural information processing systems, 2015: 1486-1494.

[35] Dosovitskiy A, Koltun V.Learning to act by predicting the future[EB/OL].arXiv preprint, 2016, arXiv: 161101779.

[36] Dreyfus H, Dreyfus S E, Athanasiou T.Mind over machine[M].New York: Simon and Schuster, 2000.

[37] Dudley H, Riesz R, Watkins S.A synthetic speaker[J].Journal of the Franklin Institute, 1939, 227(6): 739-764.

[38] Elias P.Predictive coding-II[J].IRE Transactions on Information Theory, 1955, 1(1): 24-33.

[39] Erhan D, Bengio Y, Courville A, Vincent P.Visualizing higher-layer features of a deep network[D].Tech. Rep. 1341, University of Montreal, 2009.

[40] Fan Y, Qian Y, Xie F L, Soong F K.TTS synthesis with bidirectional LSTM based recurrent neural networks[C].Fifteenth Annual Conference of the International Speech Communication Association, 2014: 1964-1968.

[41] Feng Y, Zhang S, Zhang A, Wang D, Abel A.Memory-augmented neural machine translation [EB/OL].arXiv preprint, 2017, arXiv: 170802005: 1390-1399.

[42] Gatys L A, Ecker A S, Bethge M.Image style transfer using convolutional neural networks [C].Proceedings of the IEEE Conference on Computer Vision and Pattern Recognition, 2016: 2414-2423.

[43] Godefroy O.The behavioral and cognitive neurology of stroke[M].Cambridge, UK: Cambridge University Press, 2013.

[44] Graves A.Generating sequences with recurrent neural networks[EB/OL].arXiv preprint, 2013, arXiv: 13080850.

[45] Gregor K, Danihelka I, Graves A, Rezende D J, Wierstra D. Draw: A recurrent neural network for image generation[EB/OL].arXiv preprint, 2015, arXiv: 150204623.

[46] Grisetti G, Kummerle R, Stachniss C, Burgard W. A tutorial on graphbased SLAM[J]. IEEE Intelligent Transportation Systems Magazine, 2010, 2(4): 31-43.

[47] Grossberg S.Contour enhancement, short term memory, and constancies in reverberating neural networks[J].Studies of Mind and Brain, Springer, 1982: 332-378.

[48] Gruber I, Hlavá M, Elezn M, Karpov A.Facing face recognition with ResNet: Round one [C].International Conference on Interactive Collaborative Robotics, Springer, 2017: 67-74.

[49] Grüter T, Grüter M, Carbon C C. Neural and genetic foundations of face recognition and prosopagnosia[J].Journal of neuropsychology, 2008, 2(1): 79-97.

[50] Gu S, Holly E, Lillicrap T, Levine S.Deep reinforcement learning for robotic manipulation with asynchronous off-policy updates[C].Proceedings 2017 IEEE International Conference on Robotics and Automation (ICRA), IEEE, Piscataway, NJ, USA, 2017.

[51] Hannun A, Case C, Casper J, Catanzaro B, Diamos G, Elsen E, Prenger R, Satheesh S, Sengupta S, Coates A, et al. Deep speech: Scaling up endto-end speech recognition

[EB/OL].arXiv preprint, 2014, arXiv: 14125567.

[52] Hassan H, Aue A, Chen C, Chowdhary V, Clark J, Federmann C, Huang X, Junczys-Dowmunt M, Lewis W, Li M, et al.Achieving human parity on automatic chinese to english news translation[EB/OL].arXiv preprint, 2018, arXiv: 180305567.

[53] Hassoun M H.Fundamentals of artificial neural networks[M].Cambridge, Massachusetts, USA: MIT press, 1995.

[54] Haxby J V, Hoffman E A, Gobbini M I.Human neural systems for face recognition and social communication[J].Biological Psychiatry, 2002, 51(1): 59-67.

[55] He K, Zhang X, Ren S, Sun J.Deep residual learning for image recognition[C].Proceedings of the IEEE Conference on Computer Vision and Pattern Recognition, 2016: 770-778.

[56] Heigold G, Moreno I, Bengio S, Shazeer N.End-to-end text-dependent speaker verification [C]. 2016 IEEE International Conference on Acoustic, Speech and Signal Processing (ICASSP), IEEE, 2016: 5115-5119.

[57] Hinton G, Deng L, Yu D, Dahl G E, Mohamed Ar, Jaitly N, Senior A, Vanhoucke V, Nguyen P, Sainath T N, et al.Deep neural networks for acoustic modeling in speech recognition: The shared views of four research groups [J]. IEEE Signal Processing Magazine, 2012, 29(6): 82-97.

[58] Hinton G E, Salakhutdinov R R.Reducing the dimensionality of data with neural networks [J].Science, 2006, 313(5786): 504-507.

[59] Hinton G E, Osindero S, Teh Y W.A fast learning algorithm for deep belief nets[J].Neural Computation, 2006, 18(7): 1527-1554.

[60] Hornik K.Approximation capabilities of multilayer feedforward networks[J].Neural networks, 1991, 4(2): 251-257.

[61] Hornyak T N.Loving the machine: The art and science of Japanese robots[M].Tokyo New York: Kodansha International Tokyo/New York, 2006.

[62] Hu P, Ramanan D.Finding tiny faces[C].2017 IEEE Conference on Computer Vision and Pattern Recognition (CVPR), IEEE, 2017: 1522-1530.

[63] Huang X, Acero A, Hon H W, Reddy R.Spoken language processing: A guide to theory, algorithm, and system development[J].Upper Saddle River, Prentice hall PTR, 2001(1).

[64] Itakura F. A statistical method for estimation of speech spectral density and formant frequencies[J].Electronics and Communications in Japan, 1970, 53(1): 36-43.

[65] Jelinek F, Bahl L, Mercer R.Design of a linguistic statistical decoder for the recognition of continuous speech[J].IEEE Transactions on Information Theory, 1975, 21(3): 250-256.

[66] Johnson M, Schuster M, Le Q V, Krikun M, Wu Y, Chen Z, Thorat N, Vi'egas F, Wattenberg M, Corrado G, et al.Google's multilingual neural machine translation system: enabling zero-shot translation[EB/OL].arXiv preprint, 2016, arXiv: 161104558.

[67] Jordan M I.Serial order: A parallel distributed processing approach[J].Tech.rep., DTIC Document, 1986.

[68] Jumper J, Evans R, Pritzel A, Green T, Figurnov M, Ronneberger O, Tunyasuvunakool

K，Bates R，et al.Highly accurate protein structure prediction with alphafold[J].Nature，2021，596(7873)：583-589.

[69] Kahn G，Villaflor A，Ding B，Abbeel P，Levine S.Self-supervised deep reinforcement learning with generalized computation graphs for robot navigation[EB/OL].arXiv preprint，2017，arXiv：170910489.

[70] Kang S，Qian X，Meng H.Multi-distribution deep belief network for speech synthesis[C]. 2013 IEEE International Conference on Acoustic，Speech and Signal Processing (ICASSP)，IEEE，2013：8012-8016.

[71] Karam Z N，Campbell W M.A new kernel for SVM MLLR based speaker recognition[J]. Interspeech，2007，290-293.

[72] Kim K I，Jung K，Kim H J.Face recognition using kernel principal component analysis[J]. IEEE Signal Processing Letters，2002，9(2)：40-42.

[73] Kingma D P.Welling M.Auto-encoding variational bayes[EB/OL].arXiv preprint，2013，arXiv：13126114.

[74] Kober J，Peters J.Reinforcement learning in robotics：A survey. Reinforcement Learning [M]，Berlin：Springer，2012：579-610.

[75] Koehn P.Statistical machine translationp[M].Cambridge，UK：Cambridge University Press，2009.

[76] Koehn P，Och F J，Marcu D.Statistical phrase-based translation[J].Proceedings of Association for Computational Linguistics (NAACL)，Association for Computational Linguistics，2003：48-54.

[77] Kopp G，Green H C.Basic phonetic principles of visible speech[J].The Journal of the Acoustical Society of America，1946，18(1)：74-89.

[78] Lades M，Vorbruggen J C，Buhmann J，Lange J，Von Der Malsburg C，Wurtz R P，Konen W.Distortion invariant object recognition in the dynamic link architecture[J].IEEE Transactions on Computers，1993，42(3)：300-311.

[79] Le Q，Mikolov T.Distributed representations of sentences and documents[C].International Conference on Machine Learning，2014：1188-1196.

[80] LeCun Y，Bottou L，Orr G，Müller K.Efficient backprop[J].Neural Networks：Tricks of the Trade，1998：546-546.

[81] Lee H，Grosse R，Ranganath R，Ng A Y.Convolutional deep belief networks for scalable unsupervised learning of hierarchical representations[C].Proceedings of the 26th annual international conference on machine learning，ACM，2009：609-616.

[82] Lee K C，Ho J，Yang M H，Kriegman D.Video-based face recognition using probabilistic appearance manifolds[C].2003 IEEE Conference on Computer Vision and Pattern Recognition (CVPR)，IEEE，2003(1)：313-320.

[83] Levine S，Pastor P，Krizhevsky A，Ibarz J，Quillen D.Learning handeye coordination for robotic grasping with deep learning and large-scale data collection[J].The International Journal of Robotics Research，2018，37(4-5)：421-436.

[84] Lewis J.Creation by refinement：A creativity paradigm for gradient descent learning networks[C].

International Conference on Neural Networks，1988：229-233.

[85] Li C，Ma X，Jiang B，Li X，Zhang X，Liu X，Cao Y，Kannan A，Zhu Z.Deep speaker：an end-to-end neural speaker embedding system ［EB/OL］. arXiv preprint，2017，arXiv：170502304.

[86] Liu C，Wechsler H.Gabor feature based classification using the enhanced fisher linear discriminant model for face recognition［J］.IEEE Transactions on Image Processing，2002，11(4)：467-476.

[87] Liu J，Deng Y，Bai T，Wei Z，Huang C.Targeting ultimate accuracy：Face recognition via deep embedding［EB/OL］.arXiv preprint，2015，arXiv：150607310.

[88] Liu X，Cheng T.Video-based face recognition using adaptive hidden markov models［C］. 2003 IEEE Conference on Computer Vision and Pattern Recognition (CVPR)，IEEE，2003 (1)：340-345.

[89] Maaten Lvd，Hinton G.Visualizing data using t- SNE［J］.Journal of Machine Learning Research，2008，9(Nov)：2579-2605.

[90] McCarthy G，Puce A，Gore J C，Allison T.Face-specific processing in the human fusiform gyrus［J］.Journal of Cognitive Neuroscience，1997，9(5)：605-610.

[91] McCulloch W S，Pitts W.A logical calculus of the ideas immanent in nervous activity［J］. The bulletin of mathematical biophysics，1943，5(4)：115-133.

[92] Mermelstein P.Distance measures for speech recognition，psychological and instrumental ［J］.Pattern Recognition and Artificial Intelligence，1976，116：374-388.

[93] Mikolov T，Karafiát M，Burget L，Cernock J，Khudanpur S. Recurrent neural network based language model ［C］. Eleventh Annual Conference of the International Speech Communication Association，2010：1045-1048.

[94] Mikolov T，Chen K，Corrado G，Dean J.Efficient estimation of word representations in vector space［EB/OL］.arXiv preprint，2013，arXiv：13013781.

[95] Minsky M，Papert S.Perceptrons：An essay in computational geometry［M］.Cambridge， MA：MIT Press，1969.

[96] Minsky M，Papert S A.Perceptrons：An introduction to computational geometry［M］. Cambridge，MA：MIT press，2017.

[97] Mnih V，Kavukcuoglu K，Silver D，Rusu A A，Veness J，Bellemare M G，Graves A， Riedmiller M，Fidjeland A K，Ostrovski G，et al.Humanlevel control through deep reinforcement learning［J］.Nature，2015，518(7540)：529-533.

[98] Mohamed Ar，Dahl G，Hinton G.Deep belief networks for phone recognition［C］.NIPS workshop on deep learning for speech recognition and related applications，Vancouver， Canada，2009：39.

[99] Mohri M，Pereira F，Riley M.Weighted finite-state transducers in speech recognition［J］. Departmental Papers (CIS)，2001：11.

[100] Northoff G.Unlocking the Brain，Volume 1：Coding［M］.Oxford，UK：Oxford University Press，2014.

[101] Och F J.Minimum error rate training in statistical machine translation［C］.Proceedings of

the 41st Annual Meeting on Association for Computational Linguistics-Volume I, Association for Computational Linguistics, 2003: 160-167.

[102] Olazaran M.A sociological study of the official history of the perceptrons controversy[J]. Social Studies of Science, 1996, 26(3): 611-659.

[103] van den Oord A, Dieleman S, Zen H, Simonyan K, Vinyals O, Graves A, Kalchbrenner N, Senior A, Kavukcuoglu K.Wavenet: A generative model for raw audio[C].9th ISCA Speech Synthesis Workshop, 2016: 125.

[104] van den Oord A, Kalchbrenner N, Espeholt L, Vinyals O, Graves A, et al.Conditional image generation with pixelcnn decoders[J].Advances in Neural Information Processing Systems, 2016: 4790-4798.

[105] Ouyang L, Wu J, Jiang X, Almeida D, Wainwright C, Mishkin P, Zhang C, Agarwal S, Slama K, Ray A, et al.Training language models to follow instructions with human feedback[J].Advances in Neural Information Processing Systems, 2022, 35: 27730-27744.

[106] Pearson K.LIII. on lines and planes of closest fit to systems of points in space[J].The London, Edinburgh, and Dublin Philosophical Magazine and Journal of Science, 1901, 2 (11): 559-572.

[107] Qian Y, Fan Y, Hu W, Soong F K.On the training aspects of deep neural network (DNN) for parametric TTS synthesis[C].2014 IEEE International Conference on Acoustic, Speech and Signal Processing (ICASSP), IEEE, 2014: 3829-3833.

[108] Qiao C, Li D, Liu Y, Zhang S, Liu K, Liu C, Guo Y, Jiang T, Fang C, Li N, et al. Rationalized deep learning super-resolution microscopy for sustained live imaging of rapid subcellular processes[J].Nature biotechnology, 2023, 41(3): 367-377.

[109] Radford A, Narasimhan K, Salimans T, Sutskever I, et al.Improving language understanding by generative pre-training[EB/OL].OpenAI blog, 2018.

[110] Radford A, Wu J, Child R, Luan D, Amodei D, utskever I, et al.Language models are unsupervised multitask learners[EB/OL].OpenAI blog, 2019, 1(8): 9.

[111] Rajpurkar P, Zhang J, Lopyrev K, Liang P.Squad: 100, 000+ questions for machine comprehension of text[EB/OL].arXiv preprint, 2016, arXiv: 160605250: 2383-2392.

[112] Ranjan R, Patel V M, Chellappa R.Hyperface: relaxA deep multi-task learning framework for face detection, landmark localization, pose estimation, and gender recognition[J]. IEEE Transactions on Pattern Analysis and Machine Intelligence, 2017: 1.

[113] Reynolds D A, Quatieri T F, Dunn R B.Speaker verification using adapted Gaussian mixture models[J].Digital Signal Processing, 2000, 10(1-3): 19-41.

[114] Rezende D J, Mohamed S, Wierstra D.Stochastic backpropagation and approximate inference in deep generative models[EB/OL].arXiv preprint, 2014, arXiv: 14014082.

[115] Robinson J A.A machine-oriented logic based on the resolution principle[J].Journal of the ACM (JACM), 1965, 12(1): 23-41.

[116] Robison R H. A practical method for three-dimensional tolerance analysis using a solid modeler [D]. PhD thesis, Brigham Young University. Department of Mechanical

Engineering, 1989.

[117] Rosenblatt F.The perceptron: a probabilistic model for information storage and organization in the brain[J].Psychological Review, 1958, 65(6): 386.

[118] Rumelhart D E, Hinton G E, Williams R J.Learning representations by back-propagating errors[J].Nature, 1986, 323(6088): 533.

[119] Saito S, Itakura F, et al.Theoretical consideration of the statistical optimum recognition of the spectral density of speech[J].Journal Acoustic Social Japan, 1967.

[120] Sakoe H, Chiba S.Dynamic programming algorithm optimization for spoken word recognition [J].IEEE Transactions on Acoustics, Speech, and Signal Processing, 1978, 26(1): 43-49.

[121] Samal A, Iyengar P A.Automatic recognition and analysis of human faces and facial expressions: A survey[J].Pattern Recognition, 1992, 25(1): 65-77.

[122] Samuel A L.Some studies in machine learning using the game of checkers[J].IBM Journal of Research and Development, 1959, 3(3): 210-229.

[123] Schroff F, Kalenichenko D, Philbin J.Facenet: A unified embedding for face recognition and clustering[C].Proceedings of the IEEE Conference on Computer Vision and Pattern Recognition, 2015: 815-823.

[124] Serban I V, Sordoni A, Bengio Y, Courville A C, Pineau J.Building end-to-end dialogue systems using generative hierarchical neural network models[C]. AAAI, 2016(16): 3776-3784.

[125] Serre T, Kreiman G, Kouh M, Cadieu C, Knoblich U, Poggio T.A quantitative theory of immediate visual recognition[C].Progress in brain research, 2007, 165: 33-56.

[126] Shang L, Lu Z, Li H.Neural responding machine for short-text conversation[EB/OL]. arXiv preprint, 2015, arXiv: 150302364.

[127] Shen J, Pang R, Weiss R J, Schuster M, Jaitly N, Yang Z, Chen Z, Zhang Y, Wang Y, Skerrv-Ryan R, et al.Natural tts synthesis by conditioning wavenet on mel spectrogram predictions[C]. 2018 IEEE international conference on acoustics, speech and signal processing (ICASSP), IEEE, 2018: 4779-4783.

[128] Shibata K, Kawano T.Learning of action generation from raw camera images in a real-world-like environment by simple coupling of reinforcement learning and a neural network [C].International Conference on Neural Information Processing, Springer, 2008: 755-762.

[129] Siciliano B, Khatib O.Springer Handbook of Robotics[M].Berlin: Spinger, 2016.

[130] Silver D, Huang A, Maddison C J, Guez A, Sifre L, Van Den Driessche G, Schrittwieser J, Antonoglou I, Panneershelvam V, Lanctot M, et al.Mastering the game of go with deep neural networks and tree search[J].Nature, 2016, 529(7587): 484-489.

[131] Silver D, Schrittwieser J, Simonyan K, Antonoglou I, Huang A, Guez A, Hubert T, Baker L, Lai M, Bolton A, et al.Mastering the game of go without human knowledge[J]. Nature, 2017, 550(7676): 354-359.

[132] Snyder D, Ghahremani P, Povey D, Garcia-Romero D, Carmiel Y, Khudanpur S.Deep neural network-based speaker embeddings for end-to-end speaker verification[C]. SLT

2016, 2016.

[133] Sukhbaatar S, Weston J, Fergus R, et al.End-to-end memory networks[J].Advances in Neural Information Processing Systems, 2015, 2440-2448.

[134] Sun Y, Chen Y, Wang X, Tang X.Deep learning face representation by joint identification-verification[J].Advances in Neural Information Processing Systems, 2014: 1988-1996.

[135] Sun Y, Wang X, Tang X.Deep learning face representation from predicting 10, 000 classes[C].Proceedings of the IEEE Conference on Computer Vision and Pattern Recognition, 2014: 1891-1898.

[136] Sun Y, Liang D, Wang X, Tang X. Deepid3: Face recognition with very deep neural networks[EB/OL].arXiv preprint, 2015, arXiv: 150200873.

[137] Sutskever I, Vinyals O, Le Q V.Sequence to sequence learning with neural networks[J]. Advances in Neural Information Processing Systems, 2014(4): 3104-3112.

[138] Tang Y, Salakhutdinov R R.Learning stochastic feedforward neural networks[J].Advances in Neural Information Processing Systems, 2013: 530-538.

[139] Tesauro G. Temporal difference learning and TD-Gammon[J]. Communications of the ACM, 1995, 38(3): 58-68.

[140] Thrun S.Simultaneous localization and mapping[J].Robotics and Cognitive Approaches to Spatial Mapping, Springer, 2007: 13-41.

[141] Tomovic R, Boni G.An adaptive artificial hand[J].IRE Transactions on Automatic Control, 1962, 7(3): 3-10.

[142] Tran A T, Hassner T, Masi I, Medioni G.Regressing robust and discriminative 3D morphable models with a very deep neural network[C].IEEE Conference on Computer Vision and Pattern Recognition, 2016, 1493-1502.

[143] TUN W D.On the decision problem and the mechanization of theoremproving in elementary geometry[J].Scientia Sinica, 1978, 21(2): 159-172.

[144] Turk M A, Pentland A P.Face recognition using eigenfaces[C].1991 IEEE Computer Society Conference on Computer Vision and Pattern Recognition (CVPR), IEEE, 1991: 586-591.

[145] Ushveridze A.Can turing machine be curious about its turing test results? three informal lectures on physics of intelligence[EB/OL].arXiv preprint, 2016, arXiv: 160608109.

[146] Variani E, Lei X, McDermott E, Moreno I L, Gonzalez-Dominguez J.Deep neural networks for small footprint text-dependent speaker verification[C].2014 IEEE International Conference on Acoustics, Speech and Signal Processing (ICASSP), IEEE, 2014, 4052-4056.

[147] Vaswani A, Shazeer N, Parmar N, Uszkoreit J, Jones L, Gomez A N, Kaiser L, Polosukhin I. Attention is all you need[J].Advances in neural information processing systems 30, 2017.

[148] Vesel'y K, Karafi'at M, Gr'ezl F, Janda M, Egorova E.The language independent bottleneck features[J].2012 IEEE Spoken Language Technology Workshop (SLT), IEEE, 2012: 336-341.

[149] Vintsyuk T K.Speech discrimination by dynamic programming[J].Cybernetics, 1968, 4 (1): 52-57.

[150] Vinyals O, Le Q. A neural conversational model[EB/OL]. arXiv preprint, 2015, arXiv: 150605869.

[151] Vinyals O, Fortunato M, Jaitly N. Pointer networks[J]. Advances in Neural Information Processing Systems, 2015(28): 2692-2700.

[152] Wang H. Toward mechanical mathematics[J]. IBM Journal of Research and Development, 1960, 4(1): 2-22.

[153] Wang Q, Luo T, Wang D, Xing C. Chinese song iambics generation with neural attention-based model[EB/OL]. arXiv preprint, 2016, arXiv: 160406274.

[154] Wang Y, Skerry-Ryan R, Stanton D, Wu Y, Weiss R J, Jaitly N, Yang Z, Xiao Y, Chen Z, Bengio S, et al. Tacotron: A fully end-to-end text-to-speech synthesis model[EB/OL]. arXiv preprint, 2017.

[155] Werbos P. Beyond regression: New tools for prediction and analysis in the behavioral sciences [D]. Ph D dissertation, Harvard University, 1974.

[156] Wilmer J B, Germine L, Chabris C F, Chatterjee G, Williams M, Loken E, Nakayama K, Duchaine B. Human face recognition ability is specific and highly heritable[J]. Proceedings of the National Academy of Sciences, 2010, 107(11): 5238-5241.

[157] Wiskott L, Fellous J M, Krüger N, Von Der Malsburg C. Face recognition by elastic bunch graph matching[C]. International Conference on Computer Analysis of Images and Patterns, Springer, 1997: 456-463.

[158] Wolpert D H. The lack of a priori distinctions between learning algorithms[J]. Neural Computation, 1996, 8(7): 1341-1390.

[159] Wolpert D H, Macready W G. No free lunch theorems for optimization[J]. IEEE Transactions on Evolutionary Computation, 1997, 1(1): 67-82.

[160] Wright J, Yang A Y, Ganesh A, Sastry S S, Ma Y. Robust face recognition via sparse representation[J]. IEEE transactions on Pattern Analysis and Machine Intelligence, 2009, 31(2): 210-227.

[161] Wu Y, Schuster M, Chen Z, Le Q V, Norouzi M, Macherey W, Krikun M, Cao Y, Gao Q, Macherey K, et al. Google's neural machine translation system: Bridging the gap between human and machine translation[EB/OL]. arXiv preprint, 2016, arXiv: 160908144.

[162] Xing C, Wang D, Zhang X, Liu C. Document classification with distributions of word vectors[C]. 2014 IEEE Annual Summit and Conference on Asia-Pacific Signal and Information Processing Association (APSIPA), IEEE, 2014: 1-5.

[163] Xiong W, Droppo J, Huang X, Seide F, Seltzer M, Stolcke A, Yu D, Zweig G. The Microsoft 2016 conversational speech recognition system[EB/OL]. arXiv preprint, 2017, arXiv: 160903528: 5255-5259.

[164] Xu L, Jiang L, Qin C, Wang Z, Du D. How images inspire poems: Generating classical chinese poetry from images with memory networks[EB/OL]. arXiv preprint, 2018, arXiv: 180302994.

[165] Yahya A, Li A, Kalakrishnan M, Chebotar Y, Levine S. Collective robot reinforcement

learning with distributed asynchronous guided policy search[EB/OL].arXiv preprint, 2017, arXiv: 161000673: 79-86.

[166] Yang M, Zhang L, Yang J, Zhang D.Robust sparse coding for face recognition[C].2011 IEEE Computer Society Conference on Computer Vision and Pattern Recognition (CVPR), IEEE, 2011, 625-632.

[167] Yin J, Jiang X, Lu Z, Shang L, Li H, Li X.Neural generative question answering[EB/OL].arXiv preprint, 2015, arXiv: 151201337, (27): 2972-2978.

[168] Yu D, Deng L.Automatic Speech Recognition[M].Berlin: Springer, 2016.

[169] Zafeiriou S, Zhang C, Zhang Z.A survey on face detection in the wild: past, present and future[J].Computer Vision and Image Understanding, 2015, 138: 1-24.

[170] Ze H, Senior A, Schuster M.Statistical parametric speech synthesis using deep neural networks[C].2013 IEEE International Conference on Acoustic, Speech and Signal Processing (ICASSP), IEEE, 2013: 7962 7966.

[171] Zen H, Senior A.Deep mixture density networks for acoustic modeling in statistical parametric speech synthesis[C].2014 IEEE International Conference on Acoustic, Speech and Signal Processing (ICASSP), IEEE, 2014: 3844-3848.

[172] Zeng Z, Yao Y, Liu Z, Sun M.A deep-learning system bridging molecule structure and biomedical text with comprehension comparable to human professionals [J]. Nature communications, 2022, 13(1): 862.

[173] Zhang J, Feng Y, Wang D, Abel A, Wang Y, Zhang S, Zhang A.Flexible and creative chinese poetry generation using neural memory[C].ACL 2017, 2017.

[174] Zhang M, Geng X, Bruce J, Caluwaerts K, Vespignani M, SunSpiral V, Abbeel P, Levine S.Deep reinforcement learning for tensegrity robot locomotion[C].2017 IEEE International Conference on Robotics and Automation (ICRA), 2017.

[175] Zhang S X, Chen Z, Zhao Y, Li J, Gong Y.End-to-end attention based text-dependent speaker verification[J].2016 IEEE Spoken Language Technology Workshop (SLT), IEEE, 2016: 171-178.

[176] Zhang X, Lapata M.Chinese poetry generation with recurrent neural networks[C]. Proceedings of the 2014 Conference on Empirical Methods in Natural Language Processing (EMNLP), 2014: 670-680.

[177] Zhou C L, You W, Ding X.Genetic algorithm and its implementation of automatic generation of Chinese Songci[J].Journal of Software, 2010, 21(3): 427-437.

[178] Zhou E, Cao Z, Yin Q.Naive-deep face recognition: Touching the limit of LFW benchmark or not? [J] Computer Science, 2015.

[179] Zhu Z, Luo P, Wang X, Tang X.Recover canonical-view faces in the wild with deep neural networks[EB/OL].arXiv preprint, 2014, arXiv: 14043543.